···알기 쉬운···

소형 모터 기초에서 응용까지

Hitachi 종합교육센터 기술연수원 編

김필호 譯

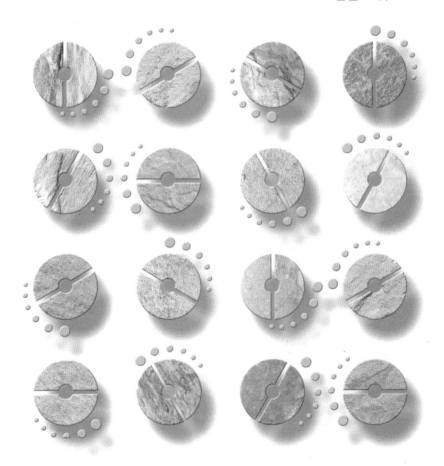

BM (주)도서출판 **성안당**

日本 옴사 · 성안당 공동 출간

알기 쉬운 소형 모터 기초에서 응용까지

Original Japanese edition
Wakariyasui Kogata Motor no Gijutsu
by Kabushiki Kaisha Hitachi Sesakusho Sougou Kyouiku Center Gijutsu Kenshujyo
Copyright ⓒ 2002 by Kabushiki Kaisha Hitachi Sesakusho Sougou Kyouiku Center Gijutsu Kenshujyo
published by Ohmsha, Ltd.

This Korean Language edition is co-published by Ohmsha, Ltd. and SEONG AN DANG Publishing Co.
Copyright ⓒ 2011
All rights reserved.

집필자 일람

제1장 遠藤常博(日立研究所 모터 이노베이션 센터 主任研究員)

제2장 田島文男(日立研究所 모터 이노베이션 센터 主任研究員)

　　　松延 豊(모터 모티브 시스템 그룹 EP本部 일렉트릭 파워 트레인 開發센터 主任技師)

　　　川又昭一(日立研究所 모터 이노베이션 센터 技師)

제3장 遠藤常博(日立研究所 모터 이노베이션 센터 主任研究員)

제4장 伊藤元哉(日立研究所 모터 이노베이션 센터 技術主幹)

제5장 岩路善尙(日立研究所 모터 이노베이션 센터 主任研究員)

　　　石田誠司(日立研究所 情報制御第三研究部 主任研究員)

제6장 田原和雄((株)日立카 엔지니어링 設計本部 主任技師)

제7장 宮田健治(日立研究所 모터 이노베이션 센터 主任研究員)

제8장 酒井俊彦((株)日立産機시스템 事業統括本部 드라이브 시스템 事業部 營業技術센터 主任技師)

　　　高瀨眞人((株)日立産機시스템 事業統括本部 드라이브 시스템 事業部 制御시스템設計部 主任技師)

　　　大橋敬典((株)日立産機시스템 事業統括本部 드라이브 시스템 事業部 制御시스템設計部 主任技師)

　　　米本伸治((株)日立産機시스템 事業統括本部 드라이브 시스템 事業部 制御시스템設計部 技師)

　　　戶張和明(日立研究所 모터 이노베이션 센터 研究員)

제9장 大錄範行(生産技術研究所 프로세스 설루션 研究部 主任研究員)

　　　遠藤常博(日立研究所 모터 이노베이션 센터 主任研究員)

　　　田原和雄((株)日立카 엔지니어링 設計本部 主任技師)

　　　正木良三((株)日立産機시스템 事業統括本部 드라이브 시스템 事業部 파워 트레이닝 開發部 主任技師)

　　　安島俊幸(日立研究所 情報制御第三研究部 研究員)

本書는 위와 같이 분담해서 각 장을 집필하였으나 전체의 구성, 기술의 범위와 그 구체적 표현 그리고 그림의 구성 등에서는 대표 집필자로 山崎泰廣(元技術研修所 技術主幹·現綜合警備保障(株)參輿), 遠藤常博, 伊藤元哉씨 등이 일부분 변경시켜 조정을 하였다.

Preface

모터는 전기 에너지를 기계 에너지로 아주 고효율적으로 바꾸는 오랜 역사를 가진 기능부품이다. 이 책에서 다루는 소형 모터는 PC, OA 기구, 가전, AV·미디어 기구, 자동차 및 산업·FA 기구로 용도가 넓어지고 있다. 게다가 최신 IT 기술의 발전에 힘입어 용도는 더욱더 다양해지고 있어서, 동력용 이외에 액추에이터 또는 센서로서도 사용되고 있다. 또한, 여러 가지 용도에 맞게 소형화·정밀화가 더욱더 진행되어 재료의 특성 개선, 성능 향상과 전력교환 회로기술과의 적절한 조합에 의해 더욱더 다양화, 고성능화, 고효율화 등이 요구되고 있다.

이 책은 필자들이 담당하는 사내전용 기술연수 강좌의 교재를 기반으로, 많은 분야로 넓혀지는 소형 모터에 대해서 최신의 내용을 기술적으로 상세하고 알기 쉽게 이해시키는 것을 목적으로 편집하였다.

독자 대상은 현재 모터를 포함하는 제품의 개발, 설계, 품질보증 또는 영업에 종사하는 사람들, 전기·전자·정보·메카트로닉스 기구 관련 메이커의 기술자 등을 들 수 있겠다. 또한, 전기·전자·정보·메카트로닉스 관련 기업의 연수교재로서도 사용가능하도록 편집하였다. 실제의 제품개발이나 설계에 있어서는 이들 전기 관련 이외의 기술자도 많이 종사하고 있을 것이라고 추정된다. 그러므로 이들 전기계 이외의 기술자도 이해하기 쉽도록 다음과 같이 고려하였다.

1) 한 절이 1~4 페이지로 끝나는 페이지 유닛 방식을 채택하였다.
2) 필요한 부분만을 읽는 것으로도 충분히 이해할 수 있도록 각 장, 절 단위로 완결시켰다.
3) 기술적인 전문용어는 최대한 단순한 해설을 붙여서 초심자라도 읽을 수 있도록 배려하였다.
4) 계산식을 최대한 줄이고, 도표를 많이 이용하여 기술내용을 쉽게 설명하였다.
5) 전체의 서술에 관해서 수치를 많이 입력하여 제품의 크기, 모양 등을 독자가 그 자리에서 상상할 수 있도록 배려하였다.

아래에 각 장의 기술내용을 간단하게 소개한다.

1장 : 모터의 기본인 토크(torque : 회전축에 있어서의 가동력)와 회전수를 중심으로 전압의 결정방법을 개설하였다.
2장 : 최근 특히 주목받고 있는 영구자석 모터의 원리, 기본특성, 구조, 자석의 특성 등을 상세히 적었다.

3장 : 2장에서 해설한 영구자석 동기 모터의 드라이브(가동방식)에 관해서 회로방식과 전압제어법에 대해 해설하였다.

4장 : 유도 모터의 원리와 기본특성을 소개하고, 자계의 영향으로 발생하는 고주파나 모터의 고효율화에 대해서도 개설하였다.

5장 : 이들 드라이브(가동) 방식에 관해서 대표적인 방식을 해설하고, 모터의 가동전원으로 사용되는 인버터와 그 소음에 대해서도 언급하였다.

6장 : 지금까지 나온 것 이외에 잘 사용되는 각종 모터들을 소개하였다. 단, 마이크로 모터, 초음파 모터와 같은 특수한 모터에 대해서는 언급하지 않았다.

7장 : 아직까지 잘 진행이 되지 않은 전자계 해석에 관해서 해설하였다. 최근에는 PC에 의해 해석용 소프트웨어가 싸고 쉽게 사용할 수 있게 되어서 어느 정도 성과를 이루어내고 있고, 수치 시뮬레이션에 의한 자계 해석은 필수항목이 되고 있다. 수식이 많다는 어려운 점이 있지만 흥미가 없다면 해석의 목적과 효과, 응용범위 등 개요를 이해하는 정도로도 좋겠다.

8장 : 서보모터에 대해서 해설하였다. 본래 DC 모터를 중심으로 제품개발이 진행되어 왔지만 인버터의 고성능화와 저가화가 계속되고, 벡터 제어의 적용 등에 있어서 브러시 없는 교류 모터가 고성능으로 사용될 수 있기 때문에 여기서는 AC 서보 모터를 주체로 하였다.

9장 : 7장까지 설명한 각종 모터들의 응용사례로서 각종 제조설비, 가전제품, 자동차, 정보기구, 그 외의 제품의 예를 소개하였다. 또한, 자동차에 대해서는 전기자동차와 최근 저공해차로서 주목받는 경제성 있는 실용차로 되어가는 하이브리드 자동차에 대해서도 해설하였다.

끝으로 이 책의 편집·검수에 수고해 준 옴사 출판국의 모든 분들에게 이 자리를 빌려서 깊은 감사의 뜻을 표한다.

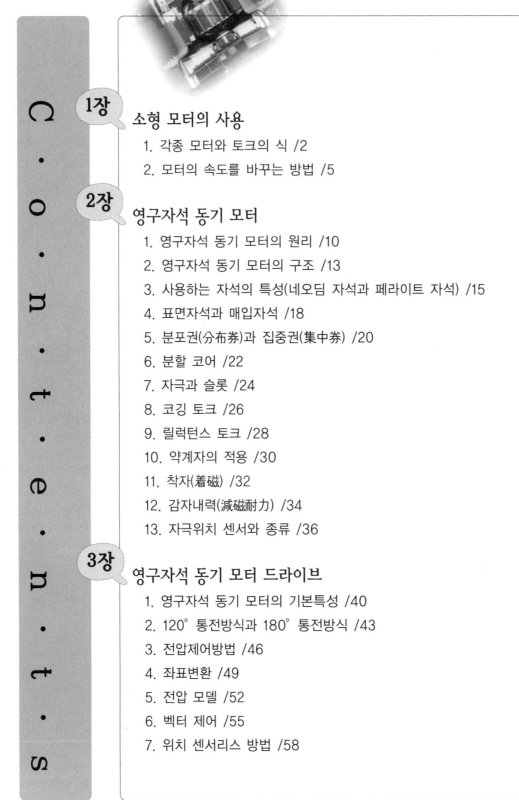

C · o · n · t · e · n · t · s

C · o · n · t · e · n · t · s

소형 모터의 사용

01
CHAPTER

많은 종류의 소형 모터를 토크의 발생 원리에 따라 분류하고,
속도를 바꾸는 방법의 원리를 설명한다.

각종 모터와 토크의 식

1 토크의 발생 원리

영구자석이나 코일상(狀)으로 감긴 전선에 전류를 흐르게 해서 만든 전자석(電磁石)과 다른 자석 간에는 자극(磁極)이 다르면 흡인력, 같으면 반발력이 일어난다. 그리고 자석과 철 사이에는 흡인력이 일어난다. 전기 모터는 이들 자기력을 응용한 전기기계이다. 자계 안에 위치한 전선에 전류를 흐르게 한 경우 전선에 작용하는 자기력의 방향은 잘 알려진 '플레밍의 왼손 법칙'을 따른다.

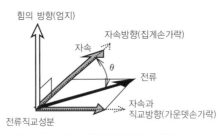

힘의 방향(엄지)

자속방향(집게손가락)

자속

θ

전류

자속과
직교방향(가운뎃손가락)

전류직교성분

|그림 1-1| 플레밍의 왼손 법칙

그림 1-1에 나타낸 것처럼 자속(磁束)방향과 전류방향 사이의 각도를 θ로 하면 전류에서 자속의 방향으로, 오른쪽으로 돌아간 오른나사의 진행 방향에 힘이 발생한다. 그 힘의 크기는 다음 식과 같다.

> 힘 = 자속 × 전류 × sin(전류와 자속 사이의 각도)
> = 자속 × (전류의 자속과의 직교성분)

이것이 모터 토크를 생각한 경우의 기본식이다. 그리고 자속을 만드는 법에 특징을 가진 각종 모터가 있고, 각각의 모터 토크식이 주어지고 있다.

그림 1-2에 3종류의 자속과 전류의 관계를 표시하였다. 그림 (a)는 자계 안에 놓인 전선에 전류를 흐르게 해서 전선에 힘이 일어나는 구성이며, 직류 모터나 유도 모터가 이것에 대응된다. 힘을 연속적인 회전력으로 하기 위해서는 회전과 함께 전류방향을 전환하거나 자속의 방향을 바꾸면 좋다. 그림 (b)는 영구자석 동기 모터에서 볼 수 있는 구성이며, 코일이 고정되어 자속이

회전한다. 또 그림 (c)는 작은 책 모양 단면을 가진 철을 자계 안에 놓은 것으로, 공간거리를 짧게 하는 방향으로 자속과 철이 서로 당기는 힘(릴럭턴스 토크, 2장 9절 참고)을 이용하고 있다. 코일에 흐르는 전류와 그 전류에 의해 만들어지는 자속이 회전자(回轉子)를 통과하는 것으로 회전측의 자속과 고정측의 전류의 관계를 만들고 있다.

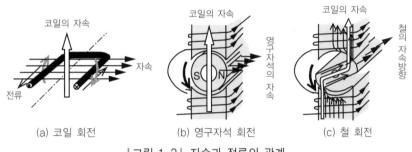

(a) 코일 회전   (b) 영구자석 회전   (c) 철 회전

|그림 1-2| 자속과 전류의 관계

이상 3가지의 예에서 나타난 것처럼 코일에 전류를 흐르게 함으로써 자속이 발생하는 것이므로 모터 토크는 자속과 이 자속과 동일면상에 있는 코일 전류자속 간에 발생하고, 그 토크의 방향은 두 자속이 겹쳐진 방향으로 된다고 생각해도 좋다.

2 각종 모터

소형 모터로서 잘 사용되는 모터를 자속 만드는 방법에 의해 크게 3종류로 나눈다.

(1) 직류 모터계

브러시 부착 직류 모터나 교류정류자 모터는 토크 발생원리대로의 모터이고 전압을 바꾸는 것만으로 속도를 간단하게 제어할 수 있기 때문에 옛날부터 이용되어 왔다. 영구자석 동기 모터는 그림 1-2 (b)에서 나타낸 것처럼 회전자가 자속측이 되어 교류전압을 코일에 가한다. 회전자 내에 배치한 자석이 표면이 되는 표면자석형과 코어 내부에 배치하여 그림 (c)에 나타난 릴럭턴스 토크를 발생시키는 매입형(埋込形)의 2종류가 있다.

(2) 유도 모터계

토크 발생의 원리상으로는 브러시 부착 직류 모터와 같이 회전자측이 전류로써 고정측에서 회전하는 자속을 만든다. 그러나 회전측의 전류는 고정측 코일에 가한 교류전압에서 변압작용으로 공급된다. 그렇기 때문에 코일의 전류는 자속을 만드는 전류와 회전자측에 공급하는 전류의 합성이 된다. 회전하는 자속을 만들기 위해서는 3상(相) 교류전원이나 단상의 경우에는 2상 코일을 설치해 콘덴서 등으로 위상을 조금 옮긴 전류를 흘린다.

(3) 릴럭턴스 토크계

그림 1-2 (c)에서 나타난 자속과 전류의 관계가 되는 구성의 모터이다. 자속은 회전자측이지만, 고정측의 권선(卷線)전류에 의해 공급된다. 코일에 흐르는 전류에 동기해 회전시키는 것이기 때문에 동기(同期) 모터의 일종이라고도 한다.

|표 1-1| 자속 발생원인별로 나눈 각종 모터

대분류	소분류	자속 발생	회전자	고정자
직류 모터계	브러시 부착 직류 모터	전자 코일	전류	자속
		영구자석		
	교류정류자 모터	전자 코일	전류	자속
	영구자석 동기 모터(표면, 매립)	영구자석	자속	전류
유도 모터계	유도 모터(3상, 단상 콘덴서, 셰이딩 코일, 분상)	전자 코일	(전류)	자속
릴럭턴스 토크계	스위치 부착 릴럭턴스 모터(SRM)	전자 코일	(자속)	전류
	싱크로너스 릴럭턴스 모터(SynRM)			
	스태핑 모터			

Section 2

2 모터의 속도를 바꾸는 방법

1 부하의 종류

　모터는 가정, 사무실, 공장, 공조(空調), 철도 등 많은 분야에서 사용되며 사람들의 생활을 돕고 있다. 모터로 가동시키는 부하를 살펴볼 때, 회전속도와 부하 토크의 관계는 대표적으로 3종류로 표현된다(그림 1-3). 이들 특성은 단독으로 나타나기도 하고, 운전상황에 따라 복수의 부하 특성이 나타난다. 예를 들면 2승(乘)과 같은 n승 부하는 팬, 펌프 등으로는 속도의 상승과 함께 부하가 증대한다. 자동차 등은 큰 관성을 움직이게 하기 위해 시작할 때에 큰 토크를 필요로 하지만, 일단 가속이 끝나면 부하는 감소하고, n승 부하가 된다. 에어컨이나 냉장고의 압축기에서는 기동 시 경부하이지만 일단 가동이 시작되어 압력차가 생기면 거의 일정한 부하 토크로 된다. 세탁기의 경우, 세탁 모드에서는 저속으로 큰 부하이지만 탈수 모드에서는 단계적으로 회전수를 상승시킴에 따라 부하가 가볍게 된다.

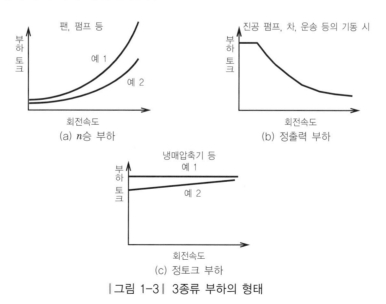

| 그림 1-3 | 3종류 부하의 형태

5

2 중요한 운동방정식

모터의 회전속도는 무엇으로 결정되는 것인가를 생각해 보자. 그림 1-4는 일례로서 n승 부하 특성의 그림에 직류 모터의 모터 토크를 추가 기입한 그림이다. 이 직류 모터에서는 전압에 의해 변하는 속도와 모터 토크의 복수의 관계를 얻을 수 있다. 그리고 어느 전압을 인가(印加)한 때 부하 토크와 모터 토크가 동등한 회전수로 운전된다. 토크 차가 있으면 가속되거나 감속된다.

이것은 다음의 운동방정식으로 이해할 수 있다. 단, 마찰 토크는 무시한다.

$$J\frac{d\omega}{dt}=\tau_m-\tau_L \qquad (1\text{-}1)$$

$$\omega=\frac{1}{J}\int(\tau_m-\tau_L)dt \qquad (1\text{-}2)$$

여기서, J : 관성 모멘트[kg·m²] (일정 또는 가변)

ω : 각속도[rad/s] (검출 가능 또는 불가능)

τ_m : 모터 토크 [N·m] (전류로부터 계산가능)

τ_L : 부하 토크 [N·m] (미지(未知) : 필요하다면 옵서버로 추정한다)

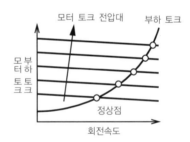

|그림 1-4| 부하 토크와 모터 토크의 예

소정의 속도로 운전하기 위해서는 모터 토크를 부하 토크에 맞게 조정하면 된다. 일반적으로 부하 토크는 모르기 때문에 속도를 검출하거나 대강의 속도를 인식해서 모터 토크를 제어한다. 이 모터 토크는 직접 제어할 수 없고, 제어로 조정 가능한 것은 모터에 가하는 전압(및 모터에 있어서는 주파수)뿐이다. 그래서 속도의 검출이란 식 1-1의 좌변을 보고 모터 토크와 부하 토크의 대소 관계를 알아보는 데 지나지 않는다.

3 용도에 따른 4가지 제어계

모터에 가하는 압력의 결정법에는 용도에 맞는 대표적인 4가지 제어구성이 있다(그림 1-5). 요소제어계에는 전압, 토크(일반적으로는 전류), 속도, 위치의 4종류가 있다. 전압제어계는 모든 구성례에서 필요하고, 바라는 응답성능에 맞게 다른 3종의 요소제어계를 조합한다.

가장 간단한 예가 단순히 전압을 바꾸기만 하는 것이고, 가장 복잡한 것은 이들 4종류를 모두 갖춘 서보모터의 제어구성이다.

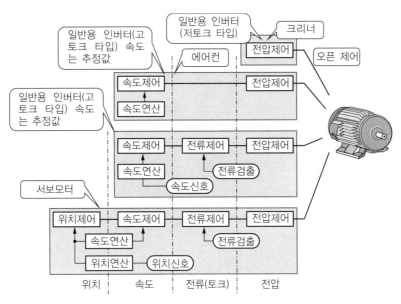

|그림 1-5| 전압제어부터 위치제어계까지의 4종류 제어형태

Memo

영구자석 동기 모터

02 CHAPTER

최근에 영구자석 재료, 반도체 소자 등의 눈부신 개발에 의해, 종래에 직류기가 많이 사용되던 서보, 자동차 등의 분야 혹은 유도전동기가 사용되던 일정 속도의 분야에도 영구자석 동기 모터가 널리 사용되고 있다.

여기서는 영구자석 동기 모터의 기본적인 원리구성부터 특징적인 집중 코일 방식, 코깅 토크(cogging torque), 릴럭턴스 토크 등에 대해 서술한다.

1 영구자석 동기 모터의 원리

모터를 생각하기에 앞서 코일에 전류를 흐르게 하는 경우에 발생하는 자계(磁界)에 대해서 생각해 보자(그림 2-1).

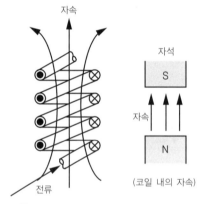

● 전류가 지면(紙面)의 뒷면에서 표면 방향으로 흐른다.
⊗ 전류가 지면의 표면으로부터 뒷면 방향으로 흐른다.

│그림 2-1│ 코일에 흐르는 전류에 의한 자속

코일 모양의 권선에 전류를 흐르게 하는 경우, 자계는 오른나사의 법칙에 따라 전류가 흐르는 방향으로 오른나사를 돌림으로써 나사가 나아가는 방향으로 자속이 발생한다. 코일 내의 자계는 마치 그림 2-1처럼 영구자석이 존재하는 듯한 자계가 이루어지고, 자속이 흐른다. 전류가 일정한 경우에는 자계는 정지한 그대로인 것이다.

다음으로 교류 모터를 생각하는 경우에 빠져서는 안 될 회전자계(回轉磁界)의 발생원리에 대해 생각해 보자. 그림 2-2에 그 원리를 나타내었다. 고정자(固定子)의 내부에 감겨진 3조의 권선(그림 2-2 (a))을 120°씩 간격을 두고 배치한다. 또 이 권선에 120°씩 위상차가 있는 전류를 그림 (b)에서처럼 흘려보낸다. 이렇게 함으로써 시간 t는 t_1에서 t_4에 이르기까지 그림 (c)의 방향에 각 전선에 전력이 흐른다.

그림 2-1에 나타난 원리와 같이 권선에 흐르는 전류에 의해 고정자에 각각 그림 (c)의 영구자석이 있는 것처럼 자계가 발생한다. 그것은 마치 고정자의 권선이 멈춰져 있음에도 불구하고, 영구자석이 고정자측에 존재하고, 그것이 시계 반대방향으로 도는 듯한 자계를 발생시킨다. 이것이 고정자 권선에 의한 회전자계 발생의 원리이다.

그림 (c)는 편의상 4점만을 나타냈지만, 그 동안에도 부드럽게 영구자석이 회전하는 듯한 회전자계가 발생한다. 이 회전자계에 의해 교류 모터, 특히 유도전동기 및 영구자석 동기 모터는 회전이 가능하게 된다.

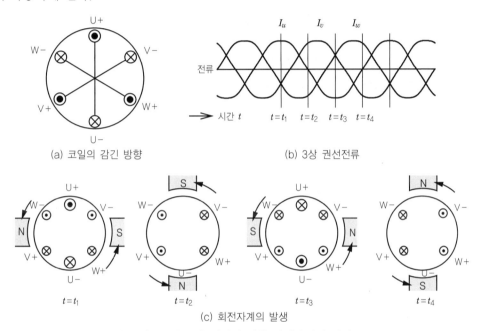

(a) 코일의 감긴 방향

(b) 3상 권선전류

(c) 회전자계의 발생

|그림 2-2| 3상 권선에 의한 회전자계의 발생

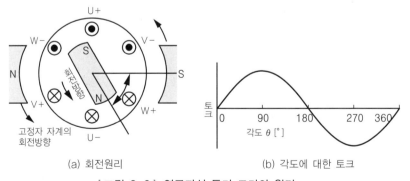

(a) 회전원리

(b) 각도에 대한 토크

|그림 2-3| 영구자석 동기 모터의 원리

그림 2-3 (a)는 영구자석 동기 모터의 원리를 나타낸 것이다. 상기한 회전자계 안에 영구자석 회전자를 넣음으로써 고정자 권선에 의한 회전자계와 영구자석 회전자 간의 흡인반발력을 지속적으로 발생시켜, 이것에 의해 회전을 지속시키는 것이 가능하다.

    고정자의 회전자계와 영구자석 회전자와의 각도에 대한 발생 토크는 그림 (b)처럼 변화하고 90°일 때에 가장 큰 토크가 발생한다. 영구자석 동기 모터는 회전자의 위치를 검출하고 고정자 권선에 흐르는 전류의 위상을 조절함으로써 항상 영구자석 회전자와 고정자의 회전자계와의 각도를 90°로 하며, 최대의 토크 발생이 계속되도록 하고 있다. 따라서 영구자석 동기 모터는 모터 본체와 회전자의 위치를 검출하는 자극위치 센서와 전류를 제어하는 제어장치가 필요한 것이다.

    영구자석 동기 모터는 직류 모터에 있어서 브러시 및 정류자(整流子)의 운동을 자극위치 센서나 인버터 등의 제어장치에 의해 행해진다고 생각할 수 있으며, 특성도 직류기와 대략 비슷한 값이다. 제어장치가 정류자와 비교했을 때 가격이 높기 때문에 정밀도가 높아야 하는 용도로 사용되는 경우가 많다.

    또한, 구조적으로 권선을 가지지 않는 영구자석을 회전자로 하는 것이 가능하기 때문에 회전자의 외경을 작고 저관성(低貫性)으로 하는 것이 가능하다. 이 때문에 서보모터 등의 고속응답이 필요한 용도에 최적의 모터라 불린다.

대표적인 영구자석 동기 모터의 구조를 그림 2-4에 나타낸다. 영구자석 동기 모터는 고정자와 회전자로 구성된다. 고정자는 자기회로를 구성하는 고정자 철심과 그 안에 배치되어 회전자계를 만들어내는 고정자 권선으로 구성된다. 영구자석 동기 모터에서는 영구자석의 위치를 검출하는 자극위치 센서가 필요하다(그림 2-4).

영구자석 동기 모터는 다른 직류 모터나 유도전동기와는 달리 여러 가지 구조를 취하는 것이 가능하다. 이 특징을 살려서 사용조건이나 용도에 맞게 구조를 연구하고 있다.

원리적·구조적인 분류로부터 영구자석 동기 모터의 구조는 다음과 같이 분류된다.

(1) 회전자, 고정자의 배치에 따른다.
① 내전형 회전전기 : 회전자가 고정자의 안쪽에 배치된다(그림 2-4 참조).
② 외전형 회전전기 : 회전자가 고정자의 바깥쪽에 배치된다.

(2) 고정자 권선의 배치구성에 따른다.
① 고정자 권선을 고정자 철심 안에 수납하는 방식이다(그림 2-4 참조).
② 캡 와인딩 방식 : 고정자 철심의 공극면(空隙面)에 권선을 배치한다.

(3) 고정자 권선의 권선방법에 따른다.
① 분포권 권선방식 : 슬롯 안에 수납된 권선이 복수의 철심치부에 걸쳐 배치된다.
② 집중권 권선방식 : 고정자 하나의 돌극(突極)에 하나의 고정자 권선이 감겨진다.

(4) 자석의 배치방법에 따른다.
① 표면자석형 영구자석 동기 모터 SPM(Surface Permanent Magnet) : 영구자석을 회전자 철심의 공극면에 수납한다.

② 내부 자석형 영구자석 동기 모터 IPM(Interior Permanent Magnet) : 영구자석을 회전
자 철심에 수납한다.

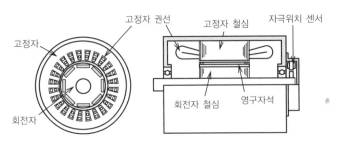

|그림 2-4| 영구자석 동기 모터의 구조

위의 여러 가지 방식을 복합적으로 조합하고 그 위에 많은 종류의 영구자석 모터를 성립시킬
수 있다(SPM, IPM에 대해서는 이 장의 4절을 참고).

영구자석 동기 모터는 유도전동기, 직류전동기와 비교해서 구조를 가장 넓게 바꾸는 것으로
간편한 모터가 될 수 있다.

또한, 영구자석 동기 모터에서는 제어장치, 센서가 불가결하다. 이 때문에 소형 모터에서는 그
내부에 함께 내장하는 경우가 많다. 그 배치도 적용 용도에 맞춰서 여러 가지 연구를 하는 경우
가 많다.

그림 2-5에서 전기자동차용 모터로서 개발된 대표적인 영구자석 동기 모터의 외관과 그 단면
도를 나타낸다.[1, 2]

소형의 영구자석 모터로서 개발·발전해 온 영구자석 동기 모터는 현재 수십kW부터 수백kW
까지 그 용량을 확대시켜가고 있으며, 게다가 앞으로 대형화되는 정세에 있다.

(a) 시작 모터의 외관(62kW, 16,000rpm)

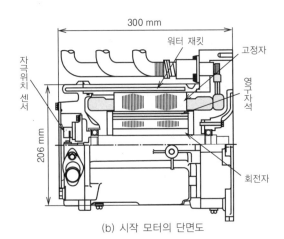

(b) 시작 모터의 단면도

|그림 2-5| 대표적인 영구자석 동기 모터의 전기자동차용 모터

사용하는 자석의 특성
(네오딤 자석과 페라이트 자석)

　일반 유도전동기에 대해 영구자석 동기 모터가 사용되게 된 배경에는 스위칭 소자의 발달과 함께 영구자석의 개량에 의한 점이 크다. 유도 모터의 진전된 기술에 대해 영구자석의 발전은 현재도 진행형이다.

　표 2-1에서는 히타치(日立)금속(주)제의 대표적인 영구자석의 종류를, 그림 2-6에서는 대표적인 각종 영구자석의 감자곡선을 나타낸다.[3] 표 2-1에서 나타낸 것처럼 많은 종류가 있지만, 대표적인 영구자석은 다음 3종류(대표적인 특성을 그림 2-6에서 나타냄)이다. 모터 응용으로는 일반적으로 다음의 3종 중 ①, ②가 사용되고 있다.

① 희토류 자석(네오딤 Nd-Fe-B자석, 그 외)
② 페라이트 자석
③ 알니코(Alnico) 자석

|표 2-1| 영구자석의 대표적인 종류

종　류	성　분	상품형식 예
희토류 자석	Sm-Co계(1-5, 2-17계)	HICOREX
	Nd-Fe-B계	HICOREX-SUPER
페라이트 자석	Ba계, Sr계	YBM
본드 자석	페라이트계	KPM
주조 자석	Alnico 자석	YCM, HIMAC
	철·크롬·코발트 자석	KHJ
소형 가공자석	Fe-Mn계, Fe-Cr-Co계	YHJ, KHJ

※ Sm : samarium, Co : cobalt, Nd : Neodym, Fe : 철, B : 붕소
　Ba : Barium, Sr : strontium, Mn : mangan, Cr : Chrom

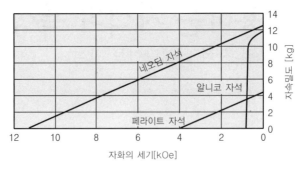

|그림 2-6| 각종 영구자석의 감자곡선

  또한, 각각 소결자석과 본드 자석을 가지고 있지만 현재 소결자석의 사용이 압도적으로 많다. 그러나 본드 자석의 특성개량에 의해 그 사용량은 증가될 것으로 보인다.

  특성으로는 이방성 자석(異方性磁石)과 등방성 자석(等方性磁石)이 있으며, 링 모양 자석의 경우에는 극이방성 자석과 경방향 이방성 자석(徑方向異方性磁石)이 있다.

  영구자석은 착자(着磁)가 매우 중요하다. 일반적으로 특성이 좋은 자석은 큰 착자전류(着磁電流)를 필요로 한다. 그리고 하드디스크나 광디스크의 구동 모터에 사용되는 모터는 코깅 토크(본장 8절 참조)를 작게 할 필요가 있으며, 착자치구(着磁治具)의 형상을 연구함으로써 영구자석에 사인파 모양의 파형을 가지게 하여 코깅 토크를 낮추어 줄이는 연구를 하고 있다. 그리고 에어컨 구동 모터에서는 모터의 고정자 권선을 이용하는 것에 의해 착자하고 있다.

  영구자석의 사용량은 매년 증가하는 경향이 있으며, 특히 희토류 자석을 중심으로 그 사용량이 증가하고 있다.

  자석 모터의 적용 기종 용량의 증가, 예를 들면 에어컨용 모터(9장 7절 참조), AC 서보모터(8장 2절 참조), 하이브리드(HEV)용 구동 모터 등 비교적 대형의 모터에 사용되는 것에 의해 영구자석의 사용량이 증가하는 경향이 있다. 또한, 이 사용량의 증가와 가격의 저감이 상승효과를 부르고 있다.

  그림 2-7은 대표적인 영구자석의 외관이다. 평판 모양의 자석에서 아크 모양 자석, 링 모양 자석 등 여러 가지 형태의 영구자석이 있으며, 다양한 용도에 쓰이고 있다.

  또 희토류 자석의 표면은 녹이 슬기 쉽기 때문에 표면을 코팅하는 것으로 방청(防錆)대책을 하고 있다.

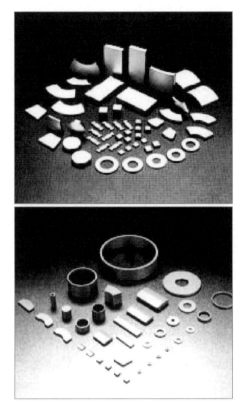

|그림 2-7| 각종 영구자석의 외관

4 표면자석과 매입자석

Section

 영구자석 동기 모터의 회전자 구조는 영구자석을 회전자의 표면에 배치한 표면자석형(Surface Permanent Magnet；SPM)과 회전자 내부에서 자석 삽입구멍을 뚫고 영구자석을 회전자 내부에 배치한 매입(埋込)자석형(Interior Permanent Magnet；IPM)의 2종류로 크게 나뉜다. 표 2-2에서 SPM 모터와 IPM 모터를 비교하였다.[4],[5]

|표 2-2| 표면자석형과 매입자석형의 비교

구 분	표면자석형 (SPM)	매입자석형 (IPM)
구조	영구자석	영구자석 보조자극
유효자속량	○	△
약한 계자	△	○
릴럭턴스 토크	-	○
코어 와전류손	△	○
토크 리플	○	△
자석중량(두꺼움)	△	○
기계강도	△	○
진동·소음	○	△

○ : 우수
△ : 보통

 SPM 모터의 이점으로는 영구자석과 고정자 권선 사이에 누출이 없도록 하기 위해 자속을 유효하게 쇄교(鎖交)시키는 것이 가능하다는 것이다. 또한, 캡의 자속분포도 고주파를 많이 포함하지 않기 때문에 진동소음이 작다. 그리고 회전자 표면에 자석을 배치하는 방법은 링 자석이나

18

접착제를 사용함으로써 비교적 용이하기 때문에 비용도 적게 들고, 많은 제품에서 장기간 쓸 수 있다.

한편, SPM 모터의 단점으로서는 먼저 기계강도를 들 수 있다. 소형이더라도 고속회전하는 모터, 회전수가 낮아도 외경이 큰 것은 주속(周速)이 커져서 원심력에 의해 자석이 파손 혹은 접착제가 벗겨지는 결과가 된다. 대책으로는 스테인리스강 제 커버 등의 예가 있지만, 스테인리스강 표면의 와전류손(渦電流損)이 새로운 과제가 된다. 그 외에 강화 플라스틱 섬유의 커버가 있고, 와전류손은 발생하지 않지만 가격은 높아진다.

다른 단점으로는 자석표면의 와전류손을 들 수 있다. 3절에서 이미 언급한 것과 같이 최근 모터의 고성능화에 따른 희토류 자석(특히 네오딤)이 많이 사용되고 있다. 종래는 비저항이 큰 페라이트 자석이 사용되었기 때문에 별로 문제는 없었지만, 네오딤은 비저항이 작아서 자석 표면에서 와전류손이 발생하고, 그 와전류손을 저감시키는 것이 과제로 되고 있다.

IPM 모터는 SPM 모터의 결점을 해결하는 구조이며, 영구자석을 회전자 내부의 삽입구멍에 집어넣는 것을 통해서 기계강도를 향상시킬 수 있고, 회전자 표면은 적층형 규소강판이기 때문에 와전류손을 저감시킬 수 있다(단, 영구자석을 자속 침투깊이 이상으로 집어넣은 경우). 또, 약계자(弱界磁(10절 참조))의 용이성을 들 수 있다. SPM 모터는 d축 인덕턴스가 작기 때문에 자석의 자속을 감소시키는 약계자의 사이에서 d축 전류가 커지지만, IPM 모터는 d축 인덕턴스가 크기 때문에 d축 전류를 감소시킬 수 있고, 약계자 영역에서의 효율 향상이 가능하다.

IPM 모터의 단점으로 유효자속의 감소를 들 수 있다. 자석 표면 및 자석간의 철 부위를 포화시키기 위해 자속이 사용되어 자석 토크가 감소한다. 그러나 자석간의 철 부위가 보조자극으로서 릴럭턴스 토크(9절 참조)를 발생시키기 때문에 자석 토크의 저하를 돕는 것이 가능하다. 다른 단점으로는 캡 자속분포의 조밀이 크다는 것이며, 진동이나 소음의 원인이 되고 있다. 자석의 매입 형상을 연구(그림 2-8에 나온 것처럼 여러 가지 형태가 제안되고 있다)함으로써 이들 저감이 시도되고 있다.

이상의 특징으로 SPM 모터는 부하의 변동이 작고, 약계자 영역이 없는 용도에 맞는다. 한편 IPM 모터는 부하의 변동이 크고 약계자 영역이 존재하는 용도(서보모터, 전기자동차·하이브리드 전기자동차용 모터)에 적합하다.

아크형	블록형	U자형	V자형

|그림 2-8| 매입자석형의 여러 가지 매입방법

교류 모터는 $3n(n=1, 2, 3,\cdots\cdots)$개의 고정자 권선이 $120°$ 간격으로 배치되어, $120°$씩 위상차가 있는(U, V, W의 3상) 전류를 흐르게 하는 것에 의한 회전자계가 발생한다. 그러므로 회전자의 자극당 고정자 슬롯수는 $3n(n=1, 2, 3,\cdots\cdots)$개다.

여기서는 이 구성을 분포권이라 정의한다(주 : 일반적으로는 $n=1$의 경우는 집중권으로 정의된다). 표 2-3에서 분포권과 집중권을 비교하였다.

|표 2-3| 분포권 모터와 집중권 모터의 비교

구 분	분포권	집중권
권선단부(卷線端部) 길이	△	○
권선저항	△	○
권선용이성	△	○
코깅 토크	△	△~○ 슬롯 콤비네이션에 의함
점적률	△	△~○ 분할 코어로 개선
약계자	○	△
릴럭턴스 토크	○	△

○ : 우수
△ : 보통

분포권의 권선은 적어도 3슬롯을 지날 필요가 있기 때문에 권선단부의 길이가 길어지고, 축방향의 길이가 짧은 편평 모터에는 적합하지 않다. 한편 집중권은 하나의 티스에 권선되기 때문에 권선이 슬롯을 지날 필요없이 단부의 길이를 저감하는 것이 가능하다. 분포권 모터와 집중권 모터의 단부길이의 비교 예를 그림 2-9에서 나타냈다. 단부길이의 저감은 권선저항의 저감이 되어 동손실 저감, 효율 향상의 장점으로 된다.

그 외의 장점으로는 권선의 용이성을 들 수 있다. 분포권선은 코일을 지날 필요가 있으며 각 코일이 단부에서 겹치기 때문에 권선이 복잡하지만 집중권선은 권선 노즐을 사용해서 티스에 직접 권선하는 것이 가능하고, 특히 외전형(外轉形)의 모터에 있어서는 권선이 극히 용이해지기 때문에 하드 디스크나 CD, DVD 등의 멀티미디어용 모터를 시작으로 널리 사용되고 있다.

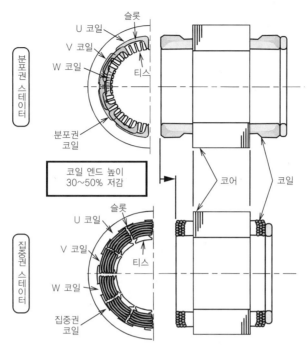

|그림 2-9| 분포권 모터와 집중권 모터의 단부(端部) 길이의 비교 예

또 극수와 슬롯수(7절 참조)의 조합의 자유도가 크기 때문에 모터의 사용 용도에 맞춰 선택이 가능하다. 일례로서 극수와 슬롯수의 최소공배수가 큰 쪽이 저감되는 코깅 토크(8절 참조)에 대해서 생각해 보면, 8극, 48슬롯(최소공배수 48)의 분포권보다도 8극, 9슬롯 (최소공배수 72)의 집중권쪽이 저코깅 토크가 된다.

단점 중 한 가지로는 권선 노즐을 사용하기 때문에 그 궤도공간에 권선을 말아붙일 수 없고 점적률(占積率)의 저하를 들 수 있는데 분할 코어(6절 참조)를 사용함으로써 개선되고 있다.

다른 단점으로 권선계수의 저하를 들 수 있다. 극수와 슬롯수의 조합에 의해 다소 달라지지만, 분포권보다도 집중권쪽이 권선계수가 더 낮기 때문에 토크의 저하, 효율의 저하 등의 영향이 있다. 또 약계자(弱界磁)가 잘 안 통함을 들 수 있다. 분포권에서는 각 극이 약계자가 되는 구성이지만 집중권이 특히 8극, 9슬롯인 경우는 하나의 극이 약계자가 되고 있더라도 반대의 극은 강계자(強界磁)가 되어서 약계자에 적절하지 않다. 집중권에 있어서도 2 : 3계열(예를 들면 8극, 12슬롯)에서는 어느 정도 약계자가 가능하다. 또 릴럭턴스 토크도 약계자와 같은 이유로 나오기 어렵다.

이상과 같이 집중권은 부하의 변동이 작고, 약계자 영역이 없는 용도에 적당하며, 부하의 변동이 크고, 약계자 영역이 존재하는 용도(서보모터, 전기자동차·하이브리드 전기자동차용 모터)에는 적절하지 않다. 단, 분할 코어(6절 참조) 사용에 의한 점적률 향상과 권선단부 단축의 효과는 크기 때문에 약계자 영역이 존재하는 용도에 있어서도 분포권을 상회하는 모터(특히 편평 모터)를 구성하는 것은 가능하다.

21

Section 6 분할 코어

　회전자, 고정자 코어는 통상, 철판을 찍어내어 하나의 몸체로 제작되지만 대형 모터의 경우 대형의 프레스 기계가 필요하다. 이 때문에 고정자 코어를 1~수 슬롯으로 분할하여 찍어내어 조합하여 제작한다. 분할 코어는 한 몸체의 코어보다도 재료(철판) 이용률이 향상하고 작업성 향상 등의 장점이 있지만, 조립이 필요해지며 회전 갭의 조립 정밀도도 문제가 되기 때문에 중소형 모터로는 별로 사용되지 않고 있었다.

　그러나 분할 코어는 집중권(5절 참조)과 조합시킴으로써 큰 장점이 된다. 코일 권선이 $3n$(U, V, W의 3상)의 슬롯을 지날 필요가 있는 분포권에서는 스테이터(고정자) 코어를 분할해도 거의 장점은 없다. 집중권의 권선은 코어의 내경측으로부터 권선 노즐을 스테이터 슬롯 내에 삽입해서 말아붙인다. 한 몸체 코어에서는 노즐의 궤도범위는 슬롯 개구부에 간섭하지 않는 범위로 제약되어 권선 작업성이 나쁘고, 점적률을 향상시키기 위한 정렬권(整列卷)이 어렵다. 또한, 노즐의 궤도공간에 권선을 말아붙이는 것은 곤란하기 때문에 더욱 점적률이 저하했다.

　고정자 코어를 분할하면 분할된 각 티스마다 권선이 가능하기 때문에 권선 노즐의 데드 스페이스(dead space)에 의한 점적률의 악화가 없고, 종래의 약 40% 정도의 점적률이 약 80%로 증가한다.

　스테이터 코어 분할의 방법으로는 크게 나눠서 3가지 방법이 있다.

① 코어 백과 티스(내경쪽에서 연결한 1부품)로 2분할하는 방법이다. 코일은 개별로 독립해서 권선한 뒤 각각으로 권선하고 개개의 자극(磁極)을 조합시켜서 고정자를 구성한다. 티스의 내경쪽이 연결되어 있어서 내경은 원에 가깝지만 연결부는 누출 자로(磁路)를 구성하기 때문에 자석자속(磁石磁束)이 감소한다.

② 고정자를 각 티스마다 찍어내고 적층하는 방법(그림 2-10)이다. 개개에서 권선을 행하며, 조합시켜 고정자를 구성한다. 티스 내경측은 절단되어 있기 때문에 자속의 누출은 적지만 고정자를 조합시킬 때 내경을 원으로 하기 위한 고려가 필요하다.

③ 고정자를 직선상에서 찍어내고, 적층하여 권선을 행하며 그 다음 둥글게 함으로써 고정자를 구성하는 방법이다. 이것도 티스 내경측은 절단되어 있기 때문에 자속의 누출은 적지만 고정자를 조합시킬 때 내경을 원으로 하기 위한 고려가 필요하다. 또한, 3개의 노즐을 사

용함으로써 3상 권선을 동시에 행하는 것이 가능하고, 연속권도 가능한 제조상의 이점(저 가화)이 크다.

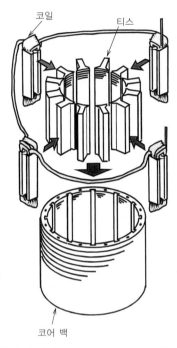

|그림 2-10| 코어 분할 방법, 집중권의 권선 예

어느 쪽의 방법도 코어에 이음매가 존재하기 때문에 자속의 저하를 초래하지만 자석 모터의 경우 그 저하 정도는 작다. 예를 들면, 회전 갭이 0.5mm, 분할 코어 이음새가 0.1mm, 자석 두 께가 3mm의 경우, 자석 모터에서는 $[(3+0.5)/(3+0.5+0.1)]\times100=97\%$로 3%밖에 저하하 지 않는다. 이것은 자석이 자기적으로는 갭이기 때문이다.

유도 모터(IM)에서는 $[0.5/(0.5+0.1)]\times100=83\%$로 17%로 저하한다. 따라서 분할 코어는 IM보다도 자석 모터에 적절하다.

당연히 코어 분할에 의해 재료이용률도 향상한다. 티스와 코어 백의 분할 찍어내기의 예는 그 림 2-11에 나타내었다.

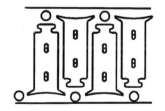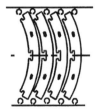

|그림 2-11| 티스, 코어 백의 찍어내기의 예

Section 7 자극과 슬롯

분포권에 있어서는 자극당 슬롯수가 $3n(n=1,\ 2,\ 3,\ \cdots\cdots)$개이며, 다른 조합은 거의 없지만 (주 : 자극당 2.5슬롯의 것도 있음) 집중권에서는 많은 조합이 존재한다.

집중권에 있어서 자극당 슬롯수가 가장 많은 것은 2 : 3계열이라 불린다. 예를 들면, 그림 2-12에서 나타난 8극, 12슬롯의 모터가 있고, 자극당 1.5슬롯이다.

가장 적은 것은 4 : 3계열이라 불린다. 예를 들면, 8극, 6슬롯의 모터가 있고, 자극당 0.75슬롯이다.

그 외의 집중권의 자극당 슬롯수는 모두 0.75~1.5 사이에 존재하며, 10 : 12계열이라 불린다. 예를 들면, 그림 2-13에서 나타난 10극, 12슬롯의 모터는 1.2이고, 8 : 9계열이라 불린다. 8극, 9슬롯의 모터는 1.125로 되어 있다.

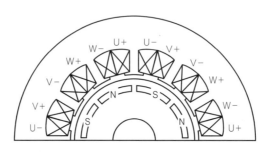

│그림 2-12│ 8극, 12슬롯의 집중권

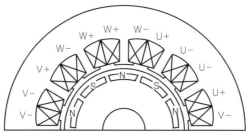

│그림 2-13│ 10극, 12슬롯의 집중권

|표 2-4| 자극, 슬롯수에 의한 특성 비교

구 분		분포권	집중권			
극수		8	8	10	8	8
슬롯수		48	12	12	9	6
슬롯수/극수		6	1.5	1.2	1.125	1.75
①	기본파 차수	48	24	60	72	24
	코깅 토크	○	△	◎	◎	△
②	권선계수	◎	△	○	○	△
③	릴럭턴스 토크	◎	○	△	×	△
	약계자	◎	○	△	×	△
④	권선단부 길이	×	◎	◎	○	△
⑤	권선가격	×	○	○	○	◎
총합		△	○	○	×	△

대표적인 자극과 슬롯의 조합과 그 특성 비교를 표 2-4에 나타내었고, 참고로 분포권도 함께 나타내었다.

① 특성의 기본파 차수는 회전자극수와 고정자 슬롯수의 최소공배수이며, 회전자와 고정자의 주기성을 나타낸 수치이다. 8극, 48슬롯의 분포권은 1회전당 48회의 주기성을 나타내며, 예를 들면 코깅 토크(8절 참조)나 토크 맥동(脈動)은 48회 주기가 된다. 이 기본파 차수가 큰 쪽이 코깅 토크나 토크 맥동의 진폭을 작게 할 수 있고, 고성능이 된다. 8극, 9슬롯의 집중권은 기본파 차수가 72로 가장 크고, 다음으로 10극, 12슬롯과 8극, 48슬롯의 분포권의 순서가 된다.

② 권선계수는 1에 가까울 정도로 고성능으로 되지만 가장 좋은 것은 분포권이고, 다음으로 8 : 9계열, 10 : 12계열의 순서이며 2 : 3계열과 4 : 3계열이 가장 작다.

③ 릴럭턴스 토크와 약계자(弱界磁)는 극당 대칭성이 좋은 것이 우수하다. 가장 좋은 것은 분포권이고, 다음 2 : 3계열과 4 : 3계열, 10 : 12계열의 순으로, 8극, 9슬롯의 집중권은 대칭성이 전혀 없기 때문에 가장 안 좋다.

④ 권선단부의 길이는 집중권에 있어서는 고정자 티스 폭으로 결정되며, 슬롯수가 많을수록 짧아질 수 있다. 8극, 48슬롯의 분포권은 6슬롯을 걸칠 필요가 있기 때문에 단부 길이는 가장 길다.

⑤ 권선가격은 집중권에 있어서 고정자 티스 수로 결정되며, 티스가 가장 적은 8극, 6슬롯의 집중권이 가장 좋다. 분포권은 인서터를 사용하고, 단부를 실묶음해야 하므로 가장 안 좋다.

이상과 같이 2 : 3계열이나 10 : 12계열의 집중권이 좋은 결과를 나타내지만 분포권이나 8극, 9슬롯의 집중권에서도 특이한 특성이 있으며, 모터의 용도에 따라 극수와 슬롯수를 적절하게 선택하는 것이 가능하다고 생각한다.

8 코깅 토크

영구자석 동기 모터에 전류가 흐르지 않는 상태에서 외부로부터 축을 회전시킬 때 덜덜거리는 토크가 코깅 토크(cogging torque)이다. 코깅 토크는 부하 시에도 발생하기 때문에 진동이나 소음의 원인이 된다.

코깅 토크는 그림 2-14에서 나타낸 것처럼 영구자석에 의한 자속이 자로의 투자도(透磁度 : permeance)(7장 1절 참조)의 변화에 의해 증감하며, 자장의 에너지가 변화하는 것에 의해 정역 방향으로 주기적으로 발생한다. 투자도의 변화는 고정자 슬롯과 자극의 위치관계에 의해 생기므로, 이 변화를 완화함으로써 코깅 토크는 저감할 수 있다.[6]

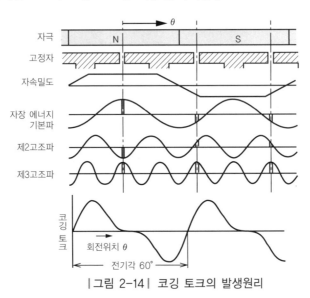

|그림 2-14| 코깅 토크의 발생원리

코깅 토크의 주요 저감 방법은 다음과 같다.

① 스큐(휨, 구부러짐) : 고정자의 스큐, 회전자(자석)의 스큐, 착자(着磁)의 스큐

② 기자력(起磁力)의 정현파화 : 착자를 정현파상으로 변화시킨다. 극이방성화(極異方性化) 시킨다. 자석의 두께를 변화시킨다(예를 들면, 어묵형태).

③ 자극공극 변화의 완화 : 철심극의 양끝 부분을 직선 혹은 원호상으로 자르고 공극(空隙)을 차례로 넓힌다.

④ 변화의 고주파화 : 도랑의 수를 많게 해서 변화를 고주파화시켜 영향도를 작게 한다.

⑤ 보조도랑 삽입 : 권선 슬릿에 의해 발생하는 자장 에너지의 변화를 보조도랑으로 제거시킨다.

⑥ 슬롯/자극 콤비네이션(조합) : 회전자의 극수와 고정자 슬롯수의 최소공배수를 크게 한다.

⑦ 자극 영향의 평균화 : 철심극 또는 영구자석극의 형상이나 피치를 변화시켜 투자(透磁)를 균등화시킨다.

⑧ 평활(平滑)철심화 : 공극권선(철심을 사용하지 않는다)으로 한다.

릴럭턴스 토크

영구자석을 회전자 철심 안에 매입한, 소위 IPM 모터의 경우에는 영구자석에 의한 토크 이외에 릴럭턴스 토크가 발생한다. 그림 2-15에서는 IPM 모터의 발생 토크를 보여준다. 그림 (a)에서 자석 토크와 릴럭턴스 토크를 합친 총 토크를, 그림 (b)에서 자석 토크를, 그림 (c)에서 릴럭턴스 토크의 발생원리를 나타내었다.

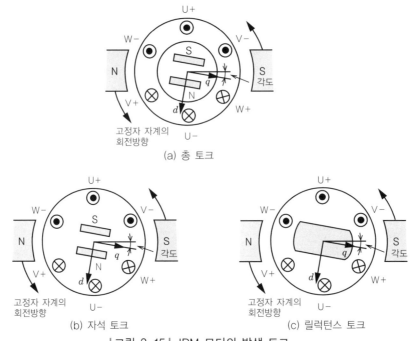

|그림 2-15 | IPM 모터의 발생 토크

고정자 권선에서 3상 전류를 흐르게 함으로써 고정자에서 그림과 같은 회전자계(回轉磁界)가 발생한다. 영구자석에 의한 토크는 그림 2-15 (b)에서 나타낸 것처럼 고정자의 회전자계에 의한 극과 회전자의 영구자석의 자극과의 흡인 및 반발을 이용하여 회전한다. 이것을 통해서 영구자석에 의한 토크는 양자의 각도가 90°일 때 최대가 된다. 한편, 릴럭턴스 토크는 그림 (c)에서

나타난 것처럼 고정자의 회전자계에 의한 극과 회전자의 돌극(突極)과의 흡인력만으로 인해 생기는 토크이다. 릴럭턴스 토크는 그림의 q축(영구자석간의 축)의 릴럭턴스가 d축(영구자석 중심축)보다 크며, 이것에 의해서 회전자의 q축이 고정자 자계의 S극에서 흡인되는 것에 의해 발생하는 토크인 것이다. d축과 q축의 릴럭턴스에 차이가 있는 것을 돌극기(突極機), 차이가 없는 것을 비돌극기(非突極機)라고 한다.

영구자석을 회전자 철심의 가운데에서 매입한 IPM 모터에서는 영구자석 토크와 릴럭턴스 토크의 양방을 이용하는 것이 가능하다.

그림 2-16에서는 그림 2-15에서 나타낸 영구자석 극간(q축)과 고정자 자계의 중심과의 각도에 대한 영구자석 토크와 릴럭턴스 토크 및 그 합성 토크를 나타낸다. 영구자석에 의한 토크는 360° 1사이클인 토크에 대해, 릴럭턴스 토크는 흡인뿐이기 때문에 2사이클의 토크가 된다. 영구자석 동기 모터에서는 총 토크가 최대가 되는 각도에 항상 권선전류를 제어하고 있다. 또한, 영구자석이 없고, 릴럭턴스 토크만의 모터를 릴럭턴스 모터라 한다. 표면 자석 모터에 있어서는 d축과 q축과의 사이에 릴럭턴스의 차가 없기 때문에 릴럭턴스 토크의 발생은 없다.

위의 영구자석 동기 모터에 있어서 토크 T는 일반적으로 다음과 같은 식으로 나타낸다.

$$T = \{E_0 \cdot I_q - (X_q - X_d)I_d \cdot I_q\}/\omega \qquad (2\text{-}1)$$

여기서, E_0 : 유기전압

$\quad\quad\quad I_d,\ I_q$: $d \cdot q$축 전류성분

$\quad\quad\quad X_d,\ X_q$: $d \cdot q$축 리액턴스 성분

또 식 2-1의 제1항은 영구자석에 의한 토크 성분이고, 제2항이 릴럭턴스 토크 성분이다. IPM 모터의 경우 일반적으로 X_q가 X_d보다 크므로, 대형기의 돌극회전자($X_d > X_q$)에 대해서 역돌극성이라고 한다. 또한, 릴럭턴스 토크를 크게 하기 위해서는 식 2-1에서 X_q/X_d의 비를 크게 하는 것이 필요한데, 실제로는 모터 체적을 크게 해서 포화의 영향을 적게 하는 등 회전자에 다층의 슬릿을 설치하는 구조 등이 제안되고 있다.

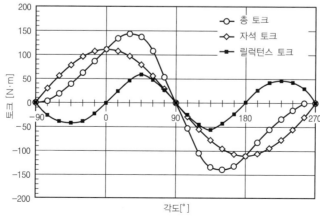

| 그림 2-16 | 릴럭턴스 토크와 자석 토크

Section
10 약계자의 적용

영구자석 동기 모터의 용도에는 ① 서보모터처럼 회전수-토크의 영역이 적어도 회전수의 증가와 함께 필요 토크가 감소하지 않는 정(定)토크로 사용하는 용도, ② 그림 2-17 (a)에 나타낸 것처럼 저속이고 큰 토크, 고속이고 일정출력(실질 토크가 회전수와 함께 감소한다)으로 사용하는 용도, 이렇게 2가지가 있다.

후자의 대표적인 용도가 EV(전기), HEV(하이브리드 전기자동차)용의 구동 모터이다. 이와 같은 용도에는 그림의 기저회전수에서 개략 최대의 단자전압에서 선정하는 것으로 제어장치의 용량 [kVA]을 최소로 하는 것이 가능하다. 이를 위해 필요한 제어기술이 약계자(弱界磁)이다.

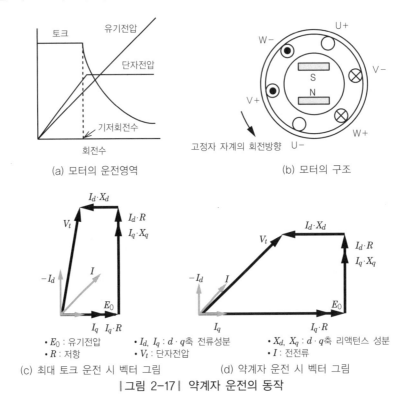

(a) 모터의 운전영역

(b) 모터의 구조

• E_0 : 유기전압
• R : 저항
• I_d, I_q : $d \cdot q$축 전류성분
• V_t : 단자전압
• X_d, X_q : $d \cdot q$축 리액턴스 성분
• I : 전전류

(c) 최대 토크 운전 시 벡터 그림

(d) 약계자 운전 시 벡터 그림

|그림 2-17| 약계자 운전의 동작

이와 같은 용도에 있어서 저속에서는 단자전압과 유기전압과의 전압차(電壓差)에 상당하는 전류가 흐르고 큰 토크를 발생시키는 것이 가능하지만 고속 시, 즉 유기전압이 단자전압을 넘는 영역에 있어서는 전류가 흐르지 않고, 토크가 작아져서 정출력을 유지할 수 없게 된다.

이 영역에 있어서 그림 (b)에서 나타낸 것처럼 고정자 권선에 영구자석과 반대방향의 기자력을 발생시켜서 유기전압을 억제하는 것을 통해 토크를 확보하는 것이 가능하다. 영구자석과 대항하는 방향에 고정자 자계를 제어함으로써 고속역(域)의 출력, 토크를 증가시키는 방법을 약계자제어(弱界磁制御)라 부른다.

그림 2-17 (c), (d)에 각각 최대 토크 운전 및 약계자운전 시의 벡터 그림을 나타내었다. 최대 토크 운전은 그림 2-16에 나타낸 총 토크가 최대의 각도가 되게끔 제어한다. 한편, 약계자제어는 그 최대 토크의 각도보다 큰 범위의 제어를 말한다. 최대 토크 운전 시의 전류 벡터는 그림 2-16에 나타낸 릴럭턴스 토크와 영구자석에 의한 토크의 합이 최대가 되는 각도에서 설정하고 있다.

여기서는 유기전압 E_0에 대해서 단자전압 V_t에 여유가 있기 때문에 최대 토크를 발생하는 각도에 전류의 벡터를 선정하는 것이 가능하다. 한편, 그림 (d)의 약계자 운전영역에 있어서는 유기전압(誘起電壓) E_0가 고속운전을 위해 크게, 약계자전류 I_d 성분의 비율을 높인다. 이렇게 함으로써 토크 전류 I_q 성분을 확보하고 고속에 이르기까지 비교적 큰 토크와 출력을 유지하는 것을 가능하게 한다.

약계자제어를 쉽게 하고 못하고의 여부는 d축 릴럭턴스 X_d에 의해 결정된다. X_d를 크게 함으로써 작은 전류로 약계자를 일으키는 것이 가능하다. 그러나 X_d를 너무 크게 하면 최대출력을 작게 해버리게 되어 고속으로의 출력을 확보할 수 없게 되는 새로운 문제점이 발생한다.

약계자제어를 쉽게 하려면 감자내력(減磁耐力), 릴럭턴스 토크, 집중권(集中卷) 등의 형상, 자석의 재료선정 등에 크게 의존하고 있으므로 소요 토크 특성을 고려한 뒤에 선정, 설계할 필요가 있다.

Section

11 착자(着磁)

영구자석을 착자(着磁)하는 방법으로는 자석을 회전자(回轉子)에 넣기 전에 착자하는 선착자(先着磁), 회전자에 넣은 다음에 착자하는 후착자(後着磁)로 분류된다.

선착자는 자석단체(單體)로 착자하는 것이 가능하기 때문에 자석의 특성을 최대로 발휘하는 것이 가능하지만, 착자된 자석을 회전자에 넣는 것은 용이하지 않다. 특히 IPM의 경우는 철심 코어 내부에 착자된 자석을 삽입하기 위해 제조가 곤란하게 되며, 소형의 것을 빼고는 대량생산 품으로 사용되고 있지 않다.

후착자는 무착자의 자석을 회전자에 넣은 후 착자 요크에 회전자를 삽입해서 착자하고 고정자에 넣기 때문에 IPM 모터의 경우에도 자석의 삽입은 용이하여 생산성이 우수하다. 외전형(外轉形) 영구자석 회전자의 착자 요크에서의 착자 해석을 그림 2-18에 나타내었다.

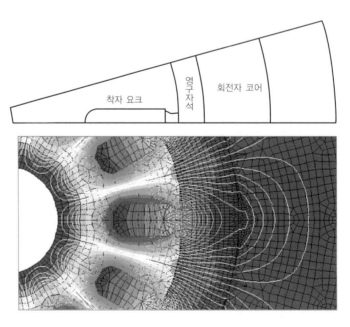

착자 요크　영구자석　회전자 코어

| 그림 2-18 | 외전형(外轉刑) 영구자석 회전자의 착자 해석 예

후착자 중에서도 회전자를 고정자에 넣은 다음 고정자 권선을 사용해 착자하는 방법을 조립착자(組立着磁)라 부른다. 이 방법은 조립할 때에는 비착자이기 때문에 조립성이 더욱 향상된다. 회전자를 고정자에 넣을 때 자석이 착자되어 있으면 철분 등이 붙는 경우가 있지만 조립착자에는 그럴 걱정이 없다. 그러므로 냉방용의 펌프 모터 등에서는 조립착자가 사용되고 있다.

후착자의 경우는 단품(單品)의 착자와 달리 완전히 착자되지 않는 경우가 있으며, 모터 특성의 저하원인이 된다. 그러므로 착자 요크의 형상과 자석형상의 고려, 착자해석 등이 중요하다.

착자의 목표로서 풀(full) 착자로 하는 것이 제일이지만, 사용하는 모터의 종류에 따라 정현파 형상의 착자가 우선되는 경우도 있다. 코깅 토크의 저감에는 정현파착자가 유효하므로, 그 목적으로서의 착자 요크 형상을 고려함과 자석의 형상을 고려함 등도 한창 진행 중이다.

감자내력(減磁耐力)

그림 2-19에 IPM 모터의 구조를 나타내었다. 여기서, 고정자 권선에 전류를 흐르게 하면 그것에 의해 생기는 권선기자력(卷線起磁力)에 의해 영구자석에는 부분적이든 전체적이든, 어느 순간 그림처럼 영구자석의 자속을 약하게 하는 감자기자력(減磁起磁力)이 되어 작용한다. 영구자석에 걸리는 이 감자계(減磁界)가 영구자석에 의한 고유 값 이상의 자계에 작용하면 원래의 자속으로 돌아올 수 없고, 영구감자(永久減磁)를 일으킨다. 이 경우에는 모터 특성이 떨어지기 때문에 모든 운전조건에서 영구자석에 걸리는 감자계를 한계의 감자계 이하로 설정할 필요가 있다.

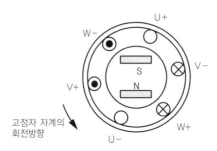

| 그림 2-19 | IPM 모터 구조

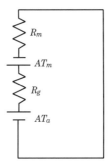

- R_m : 자석 자기저항
- AT_m : 자석 기자력
- R_g : 공극자기저항
- AT_a : 권선기자력

| 그림 2-20 | 감자기자력의 등가회로

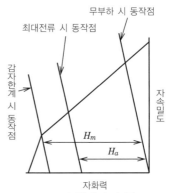

- H_a : 감자한계 시 감자력
- H_m : 최대전류 시 감자력

| 그림 2-21 | 감자내력 동작도

영구자석 모터의 자기회로는 등가적(等價的)으로 그림 2-20과 같이 나타낸다. 영구자석은 자석 기자력 AT_m과 자석 자기저항 R_m으로 나타난다. 여기서 고정자 권선 운전조건의 최대전류 I_a가 흐른 경우에 최악의 조건을 생각하면 영구자석에 역방향의 권선기자력 AT_a가 더해진다. 이 경우 영구자석에 걸리는 최대의 감자력 H_a는 일반적으로 다음과 같은 식으로 나타난다.

$$H_a = kNI_a/(PL_m) \tag{2-2}$$

여기서, k : 상수, N : 1상당의 턴(turn)수, I_a : 전류, P : 극수, L_m : 자석두께

대표적인 영구자석의 특성을 그림 2-21에 나타냈다. 그림 2-20의 등가회로에서 AT_a를 0으로 한 무부하 시의 동작점과 식 2-2로부터 구해지는 최대전류 시의 동작점 및 영구자석의 자석 재질이나 제법에 따라 영구감자(永久減磁)를 일으키지 않는 범위의 최대허용 감자력 H_m이 그림과 같이 결정된다. 일반적으로 이 비율 $(H_m/H_a) \times 100$을 감자내력이라 한다.

이때 기본이 되는 최대전류 I_a는 정격전류, 3상 단락전류, 인버터의 고장 시에 최대전류 등의 각종 수치에 포착되는 경우가 많으므로 주의를 요한다.

식 2-2와의 관계에 의해 토크의 발생을 잃는 일 없이 영구자석의 감자내력(減磁耐力)을 향상시키기 위해서는 영구자석의 두께를 늘리든가 극수를 증가시키는 것이 가장 손쉽고 빠른 방법이다.

그러나 영구자석의 두께 증가는 사용 영구자석량의 증가를 일으키고, 가격을 상승시킨다. 그래서 극수를 적절하게 선택함으로써 감자내력을 유지하며, 영구자석의 사용량을 적게 하는 것이 중요하다. 특히, 고가의 Nd-Fe-B 자석을 사용하는 경우에는 사용 자석량을 적게 할 필요가 있다. 사용 자석량에 큰 영향을 주는 것은 자석 본체의 특성, 특히 보자력(保磁力)과 영구자석의 극수이다. 그림 2-22에는 영구자석의 극수에 대한 자석질량과 구동주파수와의 관계를 나타내었다.

같은 최대 감자력 H_a를 얻는 자석두께는 극수에 반비례하기 때문에 식 2-2에서 극수를 증가함으로써, 사용 자석량은 그림과 같이 감소시키는 것이 가능하다. 단, 한편으로는 구동주파수의 증가를 일으키고, 모터 철손(鐵損) 및 인버터 손실의 증가를 초래하기 때문에 이것들을 판단하여 총합적으로 결정할 필요가 있다.

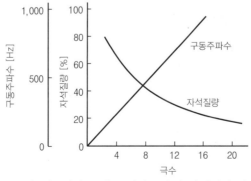

| 그림 2-22 | 영구자석 동기 모터의 극수와 자석질량 및 구동주파수

영구자석 동기 모터는 원리상 회전자의 자계에 동기(同期)시킨 전류 및 전압을 고정자 권선에 가하는 것이 필요하다. 그러기 위해서는 회전자 자극의 위치를 검출할 필요가 있다. 이 회전자 자극의 위치를 검출하는 센서가 자극위치 센서이다.

자극위치 센서는 다음 2가지로 크게 나뉜다.

① 빛을 이용하는 것 : 광학식 인코더를 이용

② 자기저항소자를 이용하는 것 : 홀 소자, MR 센서, 리졸버(resolver)를 이용

광학식 인코더를 이용한 자극위치 센서를 그림 2-23에 나타냈다. 발광 다이오드의 빛을 열감지 센서에 의해 감지하는 것으로, 위치정보는 그 중간에 배치된 회전 디스크의 슬릿 부분에 새겨진다. 여기서는 내주측에 자극위치의 패턴을, 외주측에 회전위치의 패턴을 배치한 구성을 나타낸다. 이 경우에는 전기각 60°마다의 파악을 내주측에 자극위치의 패턴에서 행하여, 그 60° 내의 각도파악은 외주측의, 보다 고분해능(高分解能)의 회전위치 패턴을 이용하는 것이 일반적이다. 그러므로 시작 시에는 내주측의 자극위치정보에 의해 전기각 60°의 범위는 측정이 가능하지만 그 이상의 각도는 알 수 없고, 회전에 의해 전기각 60°의 변환정보가 온 경우에 처음으로 절대적인 위치가 파악될 수 있는 것이다. 이 방식이 일반적이다. 이것을 피하기 위해서 인코더로서 앱솔루트(절대위치검출)식을 채용하면 좋지만 가격이 몇 배나 오르게 된다.

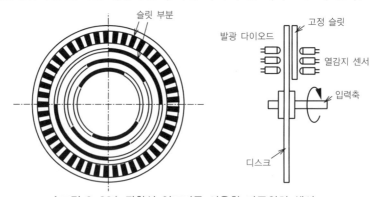

|그림 2-23| 광학식 인코더를 이용한 자극위치 센서

그림 2-24에서 홀 소자를 이용한 자극위치 센서의 예를 나타내었다. 브러시리스 모터에서는 일반적으로는 120° 통전방식(후술)쪽이 많은 용도로 사용되고, 이러한 비교적 가격이 싼 브러시리스 모터의 위치 센서로서 사용된다. 그림에서는 모터의 자극용(磁極甬) 자석의 누설자속을 홀 소자로 검출하여 회로처리에 의해 회전자의 위치를 검출하는 구조를 나타낸다. 이 외에 자극위치 센서 전용의 자석을 사용하는 방식도 있다.

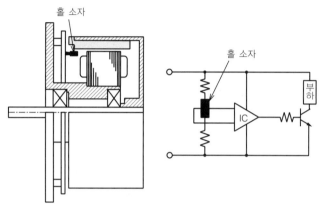

|그림 2-24| 홀 소자를 이용한 자극위치 센서

그림 2-25에서 자기저항소자를 이용한 자극위치 센서를 나타내었다. 회전부인 원판상의 자기 드럼의 외주에 그림에서 표시된 자극을 주방향(周方向)으로 기록하고, 그 외주에서 자기 센서를 고정자에 배치함으로써 위치정보를 얻는 방법이다.

그림은 상부 트랙에서 회전위치의 패턴을, 하부 트랙에서 자극위치의 패턴을 배치한 예를 나타낸 것이다. 이 회전자의 기록정보를 외주부에 배치된 각각의 센서에 의해 취하여 회전위치 및 자극위치정보를 얻는 것이 가능하다.

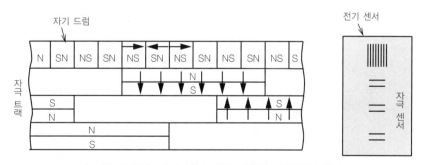

|그림 2-25| 자기저항소자를 이용한 자극위치 센서

그 외에 최근에는 리졸버를 사용하는 경우가 많다. 구성은 돌극 고정자 철심에 말아진 1차 권선 및 2차 권선과 회전자의 극대수(極對數)의 릴럭턴스 변화를 가지는 회전자로 구성되며, 회전자의 릴럭턴스 변화 중 위치정보를 고주파신호에 의해 1차 권선, 2차 권선을 사이에 넣어두는 방식이다. 철과 구리로 구성된 검출부는 고온 등 환경이 나쁜 장소에서 사용할 수 있다.

Memo

영구자석 동기 모터 드라이브

효효율 모터로서 많이 보급되어 있는 영구자석 동기 모터의
드라이브 방법을 알아보고 몇가지 제어방법을 설명한다.
120° 통전 방형파(方形波) 구동, 그리고 180° 사인파 구동
각각에 대하여 전기제어법과 위치 센서리스법을 알아본다.
특히 180° 구동방법에서는 전압 모델과 벡터 제어법을 설
명한다.

 Section 1 영구자석 동기 모터의 기본특성

1 모터 토크

영구자석 동기 모터에는 회전자측의 영구자석 배치에 의해 돌극형과 비돌극형 2가지 종류가 있다. 돌극형은 회전자의 위치에 의한 고정자측의 인덕턴스가 변화하는 것으로, 영구자석 자속에 의해 토크에 가해서 철과 자석이 서로 당기는 힘에 상당하는 릴럭턴스 토크가 발생한다.

여기서는 간단하게 하기 위해 영구자석에 의한 토크만을 생각하면 토크는 다음과 같은 식으로 나타난다.

> 모터 토크＝자속의 크기×모터 전류의 크기×sin [자속과 전류의 위상차 ϕ_d]
> ＝상수×모터 전류×cos [유기전압과 전류의 위상차 ϕ_q]　　　　(3-1)

여기서, 자속은 회전하는 영구자석에 의해 발생하기 때문에 고정자 권선에 쇄교하는 자속은 회전자 위치에 의해 변화하는 교류량이다. 또한, 모터 전류도 교류량이며, 2가지의 위상차 ϕ_d가 모터 토크를 크게 좌우한다.

한편, 모터가 회전함으로써 고정자 권선에 쇄교자속과는 $90°$ 전진위상의 유기전압이 발생하기 때문에 유기전압과 전류와의 위상차 ϕ_q에 의해 토크가 변화한다고 표현해도 좋다.

그림 3-1은 3상 모터의 U상에 주목해서 나타낸 쇄교자속, 유기전압, 모터 전류, 전원전압의 위상관계의 예이다. 각도 θ_d는 U상 권선에 전류를 흐르게 한 때에 발생하는 권선자속의 위치를 기준으로 하고 있다.

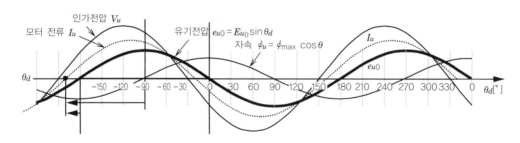

| 그림 3-1 | 영구자석 동기 모터의 자속, 유기전압, 모터 전류의 위상관계

자속의 크기를 일정하게 하면 모터 토크는 위상차 ϕ_d 및 모터 전류에 의해 변한다. 여기서 모터 토크가 무엇을 주로 해서 변화하는가에 따라 다음과 같은 두 가지 특성의 토크로 나뉜다.

❷ 위치검출을 하지 않은 운전에서의 토크 특성

회전자의 위치를 검출하지 않고 동기 모터에 적당한 크기의 전압과 주파수를 더해 구동하는 방법이다. 이 방법에 있어서 모터의 회전수는 다음과 같은 식으로 결정된다.

$$N = 60f/P \tag{3-2}$$

여기서, N : 회전수[rpm]

f : 전원주파수[Hz]

P : 극대수(極對數)

이 구동방법에서는 소정의 전압을 인가함으로써 흐른 전류에 대해 부하 토크에 맞게 위상차 ϕ_d가 모터 그 자체에 의해 자동조정되어 전류×$\sin\phi_d$가 변화해서 모터 토크가 변화하며, 부하 토크와의 균형이 얻어진다. 그러므로 $\phi_d = 90°$가 최대의 발생 토크이며, 그 이상의 부하 토크가 가해지면 모터는 회전하지 않고 탈조(脫調)한다. 한편, 경부하(輕負荷)에도 불구하고 전원전압이 높으면 전류가 증대한다.

그림 3-2는 토크-속도 특성도이다. 어느 범위에 있어서는 부하 토크에 의존하지 않고 속도는 일정하다. 그러나 부하에 응한 최적의 전원전압을 선택하지 않으면 경부하에서는 전류 증대, 중부하에서는 탈조의 문제가 생기기 때문에 전원역률을 일정하게 하는 등의 억제상의 고려가 필요하다.

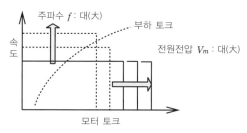

| 그림 3-2 | 위치검출을 하지 않은 구동법에 있어서의 토크-속도 특성

❸ 위치검출에 의한 운전에 있어서의 토크 특성

회전자의 위치를 검출하고, 회전위치에 동기해서 모터 전류위상을 소정치로 고정해 구동하는 방법이다. 이 구동방법에는 위상차 ϕ_d가 일정하게 제어되기 때문에 모터 토크는 전류의 크기로 결정된다. 그 크기는 전원전압과 유기전압, 그들의 위상차에 의해 결정된다.

그림 3-3에서 토크-속도 특성도를 나타내었다. 직류 모터와 같은 특성도가 된다. 즉, 어느 전원전압에 대해서 모터 토크와 부하 토크가 균형을 이루는 속도에서의 회전상태에서 부하가 증가하면 속도가 저하하는 것과 함께 유기전압도 저하하기 때문에 전류의 증가와 함께 모터 토크도 증대해서 새로운 균형점에서 안정된다. 따라서 속도를 일정하게 하기 위해서는 속도를 검출하여 그것이 일정해지도록 전압을 조정해서 부하 토크에 맞는 모터 전류를 흐르게 할 필요가 있다.

위치를 검출하지 않는 구동방법에 비해서 부하에 응한 전류가 흐르고, 또 탈조의 문제점이 없기 때문에 동기 모터 제어로는 일반적으로 널리 사용되는 방법이다.

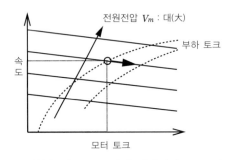

|그림 3-3| 위치검출을 하는 구동법에 있어서의 토크-속도 특성

2 120° 통전방식과 180° 통전방식

Section

1 인버터에 의한 구동

가장 일반적으로 사용되고 있는 3상 영구자석 동기 모터를 예로 하여 가변속 구동하기 위한 인버터와 모터의 결선도를 그림 3-4에 나타냈다. 인버터를 구성하는 6개 스위칭 소자의 통전방법에 의해 120° 통전과 180° 통전 2가지의 구동방식이 있다.

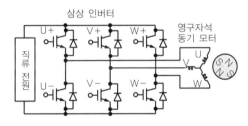

|그림 3-4| 인버터와 영구자석 동기 모터

2 120° 통전방식

위치검출에 의한 운전을 하지만 120° 통전은 위치검출정보가 60°마다 있고, 제어계가 간단하다는 이점에 의해 각종 용도로 사용되어 왔다. 이 방식은 직류 모터와 같은 모양의 제어가 가능하기 때문에 인버터가 정류자에 대응하여 브러시리스 직류 모터라고 부르기도 한다.

그림 3-5는 6개 스위칭 소자의 통전 패턴과 U상 모터 전류파형을, 비돌극형을 예로서 U상 유기전압과 함께 나타낸다.

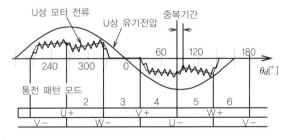

|그림 3-5| 120° 통전 패턴과 전류파형

각 상의 통전기간은 120°로, 상암(arm)측, 하암측 각각 U상 ⇒ V상 ⇒ W상과 전류동작(轉流動作)을 행하여 모터를 구동한다.

그림 3-6은 6종의 통전 모드와 회전자 위치범위의 관계를 나타낸 것이다. 예를 들어, 모드 1에 대해 설명하면 U상부터 V상의 모터 전류에 의한 화살표 방향의 권선자속이 발생하므로 이 방향부터 좌회전 방향으로 240°부터 300°의 범위로 회전자가 있을 때 통전 모드 1을 선택한다.

이들 6종의 통전 모드가 천이(遷移)할 때에는 하나의 상(相) 전류가 감소하고 다음 상의 전류가 흐르기 시작한다. 중첩기간이라 불리는 모드가 나타난다. 그 모습을 그림 3-7에 표현하였다. 이 기간은 토크가 변동하기 때문에, 120° 통전으로는 1사이클 6회 토크 리플이 발생한다.

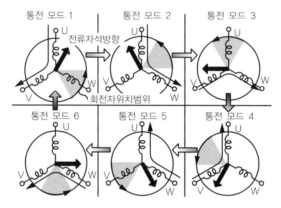

|그림 3-6| 6가지 통전 모드

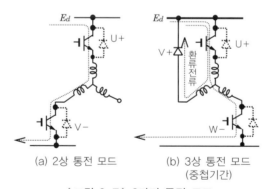

(a) 2상 통전 모드   (b) 3상 통전 모드
(중첩기간)

|그림 3-7| 2가지 통전 모드

3 180° 통전방식

180° 통전방식은 AC 서보모터에 채용되어왔던 방식이며, 사인파 전압을 권선에 더해 구동한다. 회전하는 영구자석자속에 대해 전류위상을 최적으로 제어하기 위해서는 세세한 위치정보가 필요하며, 지금까지 어느 정도의 회전위치 센서가 필요하게 되었다.

그러나 최근에는 각종 위치추정법이 개발되었다. 이 구동방식에 있어서의 모터 전류파형의 예를 그림 3-8에 나타냈다. 이 방식에 있어서 전류위상의 제어법은 본장 6절에서 알아본다.

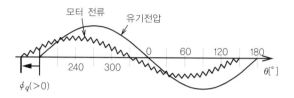

┃그림 3-8┃ 180˚ 통전 정현파 구동전류 파형

④ 120˚ 통전방식과 180˚ 통전방식의 비교

표 3-1에서는 2가지의 통전방식을 각종 항목에 대해서 비교하고 있다. 전압제어법의 상세에 대해서는 3절에서 살펴보았다. 180˚ 통전은 세세한 위치정보가 필요했지만 위치 센서리스 기술이 개발됨으로써 AC 서보모터만이 아닌, 예를 들면 가전제품 등 적용례가 늘어나고 있다.

┃표 3-1┃ 120˚ 방형파(方形波) 구동과 180˚ 사인파 구동방식의 비교

항 목	120˚ 방형파 구동	180˚ 사인파 구동
PWM 전압제어법	• 브레이크 토크가 불필요한 경우 : 상하 비상보동작 * 에서도 가능 • 4개 변조방식 상(上) PWM, 하(下) PWM, 후반 60˚ PWM, 전반 60˚ PWM	• 보조동작*(상(上) OFF 시 하(下) ON 필요 • 각종 PWM 2상 변조/3상 변조, 선간변조/상변조
직류전압에서 본 인덕턴스 L	1상분(相分) L의 2배	1상분 L의 1.5배
PWM 전류 리플 주파수	캐리어 주파수	캐리어 주파수×2
모터 고조파 전류	×(5차, 7차 많다)	○((PWM 펄스 수−4) 다음까지 저감가
토크 리플	×	○
전압 이용률	△	○
위상의 관리	60˚마다(단, 돌극기는 세밀하게)	연속량(예를 들면 1˚마다)
전류 최적제어에 있어서의 기준전류 위상	전류 중첩기간의 1/2 기준	전류 영 위상규준
해석 방법	과도현상	교류연속량($d-q$ 모델 해석 가능)

* 상보(相補), 비상보(非相補) 동작(본장 3절 참조)

Section 3 전압제어방법

1 120° 통전의 전압제어법

모터에 가해지는 전압결정에는 그 전압의 크기, 전압의 파형, 전압의 회전자 위치에 대한 위상의 3점을 고려할 필요가 있다. 120° 통전의 경우 위상은 위치검출신호에 응해 전류(轉流)동작을 하게 하면 되고, 또한 전류를 사인파로 할 필요가 없기 때문에 전압은 사인파상에서가 아니더라도 좋다. 따라서 직류 모터처럼 기본적으로는 전압의 크기에만 주목하면 된다.

120° 통전의 경우 인버터와 모터는 그림 3-9의 회로처럼 나타내는 것이 가능하다. 여기서, 입력직류전원의 크기를 바꾸는 방식이 PAM(Pulse Amplitude Modulation) 제어이며, 전원과 모터 권선 간에 대해 2가지의 스위칭 소자의 어느 쪽의 도통기간을 높은 주파수로 초퍼 동작시켜서 통류율(通流率)을 조정하는 것이 PWM(Pulse Width Modulation) 제어이다.

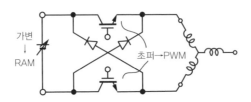

가변
↓
RAM

초퍼→PWM

|그림 3-9| 120° 통전 등가회로

PWM 제어로서 2개의 스위칭 소자의 어느 쪽을 초퍼 동작시킬 것인가에 따라 4가지 방법으로 나뉜다. 그리고 각각에 대해 상보동작과 비상보동작 2종류가 있다. 이들 복수의 PWM 제어에서의 신호를 표 3-2에 나타냈다.

상보동작은 오프(OFF) 신호 인가 시에 반대 암(arm)에서 온(ON) 신호를 가하는 방식으로, 브레이크 토크를 발생시키는 용도로 필요한 방식이다. 전류 토크 리플의 면에서는 환류전류가 초퍼의 오프로 전원으로 돌아오는 일이 없는 전반 60°가 유리하다.

|표 3-2| 120° 통전에서의 각종 PWM 제어법

초퍼 구간	비상보동작	상보동작
상암(arm) 전역	상 하 120° 60°	상 하 120° 60°
하암(arm) 전역	상 하 120° 60°	상 하 120° 60°
후반 60°	상 하 120° 60° 후반 60°	상 하 120° 60° 후반 60°
전반 60°	상 하 120° 전반 60°	상 하 120° 전반 60°

❷ 180° 통전의 전압제어법

180° 통전의 경우 전압 사인파화가 중요한 주제이다. 전압위상은 벡터 제어수법에 의해 회전 위상에 동기해서 결정한다(본장 5절 참조). 그림 3-10에서 표준적인 삼각파 비교방식에 의한 PWM 신호작성법을 나타냈다.

삼각파 캐리어 신호와 사인파 신호파의 비교결과가 원신호가 되고, 스위칭 지연 때문에 상·하암이 단락하지 않게끔 데드 타임을 설정해서 상·하용의 신호를 작성한다. 이를 위해서는 인버터 출력전압은 원신호와 상위(相違)하고, 모터 전류가 정(正)일 때에는 상암(arm) 신호에 따라서 낮은 전압이 되며 부(負)일 때에는 하암(arm)의 신호에 따라 높은 전압이 된다. 이것을 보상(補償)하는 데 전류극성에 응해 미리 전압지령을 조정해 두는 방식이나 실제의 출력전압 펄스 폭을 원(原)신호와 비교해서 일치하게끔 보상하는 방식이 있다.

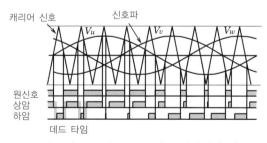

캐리어 신호   신호파
V_u V_v V_w

원신호
상암
하암

데드 타임

|그림 3-10| PWM 신호 작성법의 기본

전압의 크기는 삼각파에 대한 사인파의 파고값 비율 k_H의 조정에 의해 제어한다. 신호파의 만드는 법 및 신호파와 캐리어 신호의 주파수비율에 따라 복수의 변조방법이 있는데 표 3-3에 정리해 놓았다.

여기서, 사인파 신호로는 $k_H=1$ 이상이 되면 변조 펄스의 솎아냄 현상이 발생하고, k_H와 출력전압의 관계가 비선형이 된다. 그 영역을 확대하는 것이 선간변조이며, 각 3상의 사인파 신호에 $3n$배 고조파성분을 가산해서 신호파로 한다. k_H와 전압의 관계를 그림 3-11에 나타냈다.

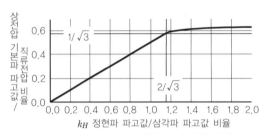

|그림 3-11| k_H와 기본파전압 비율(선간변조)

|표 3-3| PWM 전압제어방법의 종류

구 분	방 식	예	설 명	참고 그림
신호파의 종류	상변조	사인파	출력전압은 k_H가 1.0까지 선형	그림 3-10
	선간변조	• 힙 형상	$3n$배 고조파를 주입해서 전압 높임.	그림 3-11
		• 2상 변조(손실감소)	출력전압은 k_H가 $2/\sqrt{3}$까지 선형	그림 3-12, 13
신호파와 캐리어 주파수의 관계	비동기	캐리어 주파수 16kHz	캐리어 주파수 일정	−
	동기	펄스수 21, 15, 9	고속용도, 주파수는 비례관계	그림 3-10

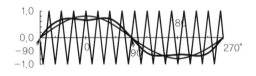

|그림 3-12| 힙 형상 선간변조 신호파

|그림 3-13| 2상 선간변조 신호파

Section 4 좌표변환

유도 모터나 영구자석 동기 모터에서 다루는 전압, 전류 등은 3상 교류량(U-V-W 또는 3상 고정좌표계)이다. 모터 제어계의 해석에 있어서 번잡함을 피하기 위해 2상 교류량 ($\alpha-\beta$ 또는 2상 고정좌표계) 또는 직류량($d-q$ 또는 회전좌표계)으로 행한다.

일반적으로는 U-V-W 좌표계의 3상 모터 전류를 검출해서 다른 좌표계에 순변환(順變換)하고, 변환 후의 전류를 사용해 작성하며 전압지령을 역변환하여 다시 U-V-W 좌표계의 전압지령으로 돌아간다.

그림 3-14는 교류량을 길이와 임의 각도로 분리한 이미지 그림이다. 교류량은 직교좌표계에 있어서 회전하는 어느 길이 축에의 투영성분 변화이다.

여기서, 기준각도는 d축 위상 θ_d로서 고정자측의 U상에 전류를 흐르게 한 때에 발생하는 권선 자속의 방향을 0°로 선택한다.

좌표변환에는 변환 전후에 3상의 전력이 바뀌지 않는 절대변환과 변하는 상대변환이 있다. $d-q$ 좌표계의 전압, 전류 벡터의 길이는 상대변환에서는 고정좌표계의 진폭값에, 또 절대변환에서는 고정좌표계의 실효값의 $\sqrt{3}$배로 대응한다.

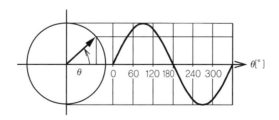

|그림 3-14| 교류량의 길이와 각도표현

이상의 순변환 및 역변환의 식을 각각 표 3-4와 표 3-5에 나타냈다. 또한, 변환식의 이해를 용이하게 하기 위해, 그림 3-15~3-17에 관련된 그림을 나타냈다.

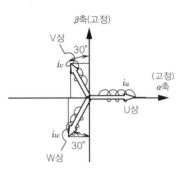

| 그림 3-15 | 3상 고정→2상 고정좌표변환 | 그림 3-16 | 2상 고정→회전좌표변환

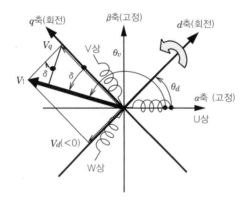

| 그림 3-17 | 회전→3상 고정(극좌표형식)

| 표 3-4 | 좌표변환식의 일람표(전류순변환)

교환방향		변환식
3상 고정좌표계(U, V, W) ↓ 2상 고정좌표계(α, β) (그림 3-15 참조)	절대변환	$\begin{bmatrix} i_a \\ i_\beta \end{bmatrix} = \sqrt{\frac{2}{3}} \begin{bmatrix} 1 & -\cos 60° & -\cos 60° \\ 0 & +\cos 30° & -\cos 30° \end{bmatrix} \begin{bmatrix} i_u \\ i_v \\ i_w \end{bmatrix} = \sqrt{\frac{2}{3}} \begin{bmatrix} 1 & -\frac{1}{2} & -\frac{1}{2} \\ 0 & +\frac{\sqrt{3}}{2} & -\frac{\sqrt{3}}{2} \end{bmatrix} \begin{bmatrix} i_u \\ i_v \\ i_w \end{bmatrix}$
	상대변환	$\begin{bmatrix} i_a \\ i_\beta \end{bmatrix} = \frac{2}{3} \begin{bmatrix} 1 & -\cos 60° & -\cos 60° \\ 0 & +\cos 30° & -\cos 30° \end{bmatrix} \begin{bmatrix} i_u \\ i_v \\ i_w \end{bmatrix} = \frac{2}{3} \begin{bmatrix} 1 & -\frac{1}{2} & -\frac{1}{2} \\ 0 & +\frac{\sqrt{3}}{2} & -\frac{\sqrt{3}}{2} \end{bmatrix} \begin{bmatrix} i_u \\ i_v \\ i_w \end{bmatrix}$
2상 고정좌표계(α, β) ↓ 회전좌표계(d, q) (그림 3-16 참조)		$\begin{bmatrix} i_d \\ i_q \end{bmatrix} = \begin{bmatrix} \cos \theta_d & \sin \theta_d \\ -\sin \theta_d & \cos \theta_d \end{bmatrix} \begin{bmatrix} i_a \\ i_\beta \end{bmatrix}$

| 표 3-5 | 좌표변환식의 일람표(전압역변환)

형	교환방향	변환식	
극 좌 표 형	회전좌표계(d, q) ↓ 3상 고정좌표계 (U, V, W) (그림 3-17 참조)	길이	q축 전압 위상 : $\delta = \tan^{-1}\left(-\dfrac{v_d}{v_q}\right)$
			절대변환 : $v_1 = \sqrt{\dfrac{2}{3}}\,(-v_d \sin\delta + v_q \cos\delta) = \sqrt{\dfrac{2}{3}}\sqrt{v_d{}^2 + v_q{}^2}$
			상대변환 : $v_1 = -v_d \sin\delta + v_q \cos\delta = \sqrt{v_d{}^2 + v_q{}^2}$
		상 전 압	$v_u = v_1 \cos\theta_v = -v_1 \sin(\theta_d + \delta)$ $v_v = v_1 \cos\left(\theta_v - \dfrac{2}{3}\pi\right) = -v_1 \sin\left(\theta_d + \delta - \dfrac{2}{3}\pi\right)$ $v_w = v_1 \cos\left(\theta_v + \dfrac{2}{3}\pi\right) = -v_1 \sin\left(\theta_d + \delta + \dfrac{2}{3}\pi\right)$ 단, $\theta_v = \theta_d + \dfrac{\pi}{2} + \delta$
직 교 좌 표 형	회전좌표계(d, q) ↓ 2상 고정좌표계(α, β)		$\begin{bmatrix} v_\alpha \\ v_\beta \end{bmatrix} = \begin{bmatrix} \cos\theta_d & -\sin\theta_d \\ \sin\theta_d & \cos\theta_d \end{bmatrix}\begin{bmatrix} v_d \\ v_q \end{bmatrix}$
	2상 고정좌표계(α, β) ↓ 3상 고정좌표계 (U, V, W)	절 대 변 환	$\begin{bmatrix} v_u \\ v_v \\ v_w \end{bmatrix} = \sqrt{\dfrac{2}{3}}\begin{bmatrix} 1 & 0 \\ -\cos\dfrac{\pi}{3} & +\cos\dfrac{\pi}{6} \\ -\cos\dfrac{\pi}{3} & -\cos\dfrac{\pi}{6} \end{bmatrix}\begin{bmatrix} v_\alpha \\ v_\beta \end{bmatrix} = \sqrt{\dfrac{2}{3}}\begin{bmatrix} 1 & 0 \\ -\dfrac{1}{2} & +\dfrac{\sqrt{3}}{2} \\ -\dfrac{1}{2} & -\dfrac{\sqrt{3}}{2} \end{bmatrix}\begin{bmatrix} v_\alpha \\ v_\beta \end{bmatrix}$
		상 대 변 환	$\begin{bmatrix} v_u \\ v_v \\ v_w \end{bmatrix} = \begin{bmatrix} 1 & 0 \\ -\cos\dfrac{\pi}{3} & +\cos\dfrac{\pi}{6} \\ -\cos\dfrac{\pi}{3} & -\cos\dfrac{\pi}{6} \end{bmatrix}\begin{bmatrix} v_\alpha \\ v_\beta \end{bmatrix} = \begin{bmatrix} 1 & 0 \\ -\dfrac{1}{2} & +\dfrac{\sqrt{3}}{2} \\ -\dfrac{1}{2} & -\dfrac{\sqrt{3}}{2} \end{bmatrix}\begin{bmatrix} v_\alpha \\ v_\beta \end{bmatrix}$

Section 5 전압 모델

1 전압·전류 위상관계

영구자석 동기 모터를 제어하기 위해 모터를 전압, 전류의 모델식으로 나타낼 필요가 있다. 그림 3-18은 비돌극기의 1상분 모터 등가회로이다.

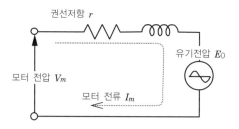

권선저항 r

유기전압 E_0

모터 전압 V_m

모터 전류 I_m

|그림 3-18| 모터 등가회로(비돌극기)

모터에 인가된 전압 V_m과 유기전압 E_0의 차이 전압이 저항 r과 동기 인덕턴스 L에 더해져 모터 전류 I_m이 흐른다. 이것을 U상에 대해 순시전류파형으로 나타낸 것이 그림 3-19이다.

각도 θ_d는 권선에 쇄교하는 영구자석 자속의 회전위치를 U상, 권선위치를 $0°$로 하고 회전방향을 정(正)으로 선택한다. 이때 U상 권선 쇄교자속은 $\cos \theta_d$로, $90°$ 진행의 유기전압은 $-\sin \theta_d$로 나타낸다. 또한, 유기전압 위상을 기준으로 진행방향을 정(正)으로 하여 모터 전류 위상을 ϕ, 모터 전압 위상을 δ로 나타낸다.

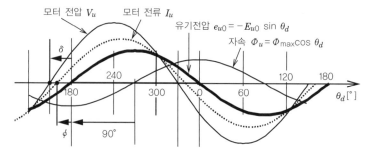

모터 전압 V_u 모터 전류 I_u

유기전압 $e_{u0} = -E_{u0} \sin \theta_d$

자속 $\Phi_u = \Phi_{max}\cos \theta_d$

δ

ϕ $90°$

$\theta_d[°]$

|그림 3-19| 순시전압, 전류파형

2 회전직교좌표계에서의 벡터 표현

3상의 교류순시량을 그대로 다룬다는 것은 번잡하기 때문에 여기서는 마이크로 컴퓨터에서의 제어계 구축에 유리한 회전좌표계를 예로서, 그림 3-19의 순시파형의 위상관계를 이 직교좌표계에서 표현한다.

좌표는 u상 권선축을 규준에 반시계 방향을 정(正)회전 방향으로 해서 회전자 자속축(d축)과 그것보다 90° 전진 위상의 유기전압축(q축)을 선택한다. 따라서 d축 각도가 θ_d가 된다.

이 $d-q$ 좌표계에서 전압, 전류의 사인파 파고치(波高値)(상대변환의 경우)를 길이에, 위상차를 각도차로 해서 나타낸 것이 그림 3-20의 벡터도이다. 단, $\phi < 0$으로 하고 있다.

그림 3-20에서 나타낸 것처럼 모터 전압은 유기전압과 저항 및 인덕턴스 전압 강하의 벡터합이 된다. 또한, 모터 전압을 d축 성분 v_d, q축 성분 v_q로 해서 이것들의 축성분을 각각 유기전압과 모터 전류 축성분 (I_d, I_q)을 사용해 나타낸 저항 및 인덕턴스 전압 강하의 각 축성분의 합으로써 구하는 것이 가능하다.

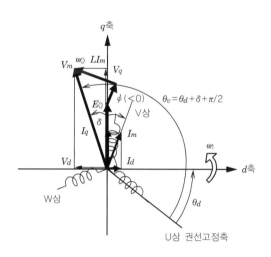

|그림 3-20| 순시파형의 벡터도 표현

3 돌극형 동기 모터의 모델

영구자석 동기 모터에는 회전자 위치에서 인덕턴스가 다른 돌극형 모터가 있다. 위치에 대해 변화하는 동기 인덕턴스를 사인파상이라 가정하고 그 최댓값을 q축 인덕턴스 L_q, 최솟값을 d축 인덕턴스 L_d로 한다.

돌극형을 예로서, 전류의 변화하는 과도상태도 포함해서 회전좌표계에 있어서 모터 모델, 모터 토크, 모터 출력의 표현식을 표 3-6에서 정리하였다.

비돌극형의 경우는 $L_d = L_q$로 한다. 또한, 모터 토크나 모터 출력의 표현식은 실제의 모터축 토크나 출력이 아닌, 철손실, 기계손실도 포함해 있는 것에 주의해야 한다.

|표 3-6| 영구자석 동기 모터의 전압방정식 모델식, 모터 토크, 모터 출력(회전좌표계 표현)

구 분		표현식
기호의 설명	p	미분연산자
	k_E	상유기전압상수 (전기 각주파수 당) 단위 절대변환 : (상 실효값 전압×$\sqrt{3}$)[rad/s] 　　　상대변환 : (상 피크 전압/[rad/s])
	P	극대수(極對數)
	ω_1	전기 각주파수 [rad/s]
	ω_r	기계 각주파수 (모터 회전 각주파수)=ω_1/P
모델식	전압방정식 표현	$\begin{bmatrix} v_d \\ v_q \end{bmatrix} = \begin{bmatrix} r+pL_d & -\omega_1 L_q \\ \omega_1 L_d & r+pL_q \end{bmatrix} \begin{bmatrix} I_d \\ I_q \end{bmatrix} + \begin{bmatrix} 0 \\ k_E\omega_1 \end{bmatrix}$
	상태방정식 표현	$p\begin{bmatrix} I_d \\ I_q \end{bmatrix} = \begin{bmatrix} -\dfrac{r}{L_d} & \omega_1\dfrac{L_q}{L_d} \\ -\omega_1\dfrac{L_d}{L_q} & -\dfrac{r}{L_q} \end{bmatrix} \begin{bmatrix} I_d \\ I_q \end{bmatrix} + \begin{bmatrix} \dfrac{v_d}{L_d} \\ \dfrac{v_q}{L_q} \end{bmatrix} - \dfrac{1}{L_q}\begin{bmatrix} 0 \\ k_E\omega_1 \end{bmatrix}$
모터 토크	절대변환	$\tau = P\{k_E \cdot I_q + (L_d-L_q) \cdot I_d \cdot I_q\}$
	상대변환	$\tau = \dfrac{3}{2}P\{k_E \cdot I_q + (L_d-L_q) \cdot I_d \cdot I_q\}$
모터 출력	절대변환	$P_{\text{out}} = \omega_1\{k_E \cdot I_q + (L_d-L_q) \cdot I_d \cdot I_q\}$
	상대변환	$P_{\text{out}} = \dfrac{3}{2}\omega_1\{k_E \cdot I_q + (L_d-L_q) \cdot I_d \cdot I_q\}$

Section 6 벡터 제어

1 벡터 제어의 의미

유도 모터에 흐르는 모터 전류에는 여자전류(勵磁電流)가 포함되어 토크와 전류는 비례하지 않는다. 그러나 벡터 제어 이론의 등장에 의해 모터 전류를 토크 전류 성분과 여자전류 성분에 분리해서 독립적으로 제어하는 것에 의해 직류 모터 동등 이상의 성능이 실현될 수 있다.

영구자석 동기 모터에 있어서도 이 벡터 제어가 적용된다. 이 목적을 한마디로 표현하자면, '벡터 제어란 자속과 전류 위상의 관계를 토크 최대가 되도록 모터 전압의 크기와 위상을 결정함과 함께, 토크와 조작량의 관계를 선형으로 하는 수법'이라 말할 수 있다.

2 영구자석 동기 모터에 있어서 벡터 제어의 3가지 예

각종 용도에 맞는 3가지 벡터 제어의 대표적 예를 표 3-7에 나타낸다.

|표 3-7| 벡터 제어의 3가지 형태의 예

비교항목	풀 벡터 제어	스마트 벡터 제어	오픈형 벡터 제어
용도 예	(고응답 용도) AC 서보에서 일반적	(중응답 용도) 압축기, 펌프 등	(저응답 용도) 소용량 팬 등
모터 모델식	$v_d{}^* = rI_d{}^* - \omega_1{}^* L_q I_q{}^*$ $v_q{}^* = \omega_1{}^* L_d I_d{}^* + rI_q{}^* + k_E \omega_1{}^*$	$v_d{}^* = rI_d{}^* - \omega_1{}^* L_q I_q$ $v_q{}^* = \omega_1{}^* L_d I_d{}^* + rI_q + k_E \omega_1{}^*$	$v_d{}^* = rI_d{}^* - \omega_1{}^* L_q I_q{}^*$ $v_q{}^* = \omega_1{}^* L_d I_d{}^* + rI_q{}^* + k_E \omega_1{}^*$
	r : 저항, L_d : d축 인덕턴스, L_q : q축 인덕턴스, K_E : 발전상수 각 설정값, $I_a{}^*$: 여자전류지령 $I_q{}^*$: 토크 전류지령, I_q : 토크 전류검출값, ω^* : 회전전기 각속도지령		
속도검출정보	필요	불필요	필요
속도제어 루프	있음	없음	있음
모터 전류정보	필요	필요	불필요
전류제어 루프	있음	없음	없음
토크 전류지령 또는 토크 지령	속도제어계 출력	없음	속도제어계 출력

(1) 풀 벡터 제어

AC 서보모터에서 채용되어 있는 방식이며, 모터 전류나 속도정보에 의해 전류제어계나 속도
제어계를 가지고, 고성능 마이크로컴퓨터나 DSP에 의해 실현된다.

(2) 스마트 벡터 제어

보통 마이크로컴퓨터에서 간단하게 안정적인 제어계가 실현되며, 게인 튜닝도 필요하지 않은
간편한 방식이다. 전류제어계나 속도제어계를 가지지 않고, 토크 전류 검출값을 모터 전압 모델
에 삽입하여 전압의 크기와 위상을 결정한다.

그 구성 예를 그림 3-21에서 나타냈다.

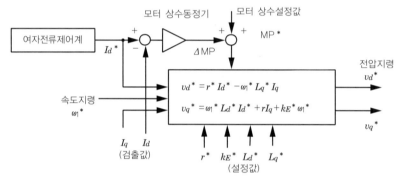

|그림 3-21| 스마트 벡터 제어의 한 구성 예

(3) 오픈형 벡터 제어

더욱 간편한 제어계이며, 전류 페루프를 가지지 않고, 토크 전류지령과 여자전류지령을 삽입
한 전압 모델식만으로 전압을 결정한다.

구성 예를 그림 3-22에 나타냈다.

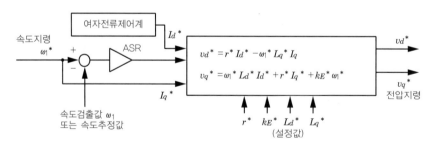

|그림 3-22| 오픈형 벡터 제어의 한 구성 예

3 여자전류지령계

d축의 여자전류(勵磁電流)는 운전상태에 맞는 3가지 목적에 의해 모터 전류의 위상 조정에 사용한다.

(1) 정상상태(토크/전류비 최대제어)[1]

$$I_d = -\frac{k_E}{2(L_d-L_q)} - \sqrt{\frac{k_E^2}{4(L_d-L_q)^2} + I_q^2}$$

(2) 전압포화상태(약계자제어)[1]

$$I_d = -\frac{k_E}{L_d} + \frac{1}{L_d}\sqrt{\frac{V_{0m}^2}{\omega_1^2} - (L_q I_q)^2}$$

여기서, $V_{0m} = V_{am} - \gamma \cdot I_{am}$

$V_{am},\ I_{am}$: 전압, 전류의 제한값

(3) 감속운전상태(모터 입력 0에 의한 과전압 억제제어(적용 가능한 주파수 조건 있음))[2]

$$I_d = \frac{\omega_1(L_q-L_d)\ I_q}{2\gamma} - \sqrt{\left\{\frac{\omega_1(L_q-L_d)I_q^2}{2\gamma}\right\} - \left(I_q + \frac{k_E\omega_1}{\gamma}\right)I_q}$$

Section 7 위치 센서리스 방법

① 영구자석 동기 모터와 위치검출

영구자석 동기 모터의 위치검출에 의한 방법은 고효율로 안정적이고, 널리 일반에서 사용되고 있다. 그러나 모터 실장 장소환경이 나쁜 곳에서의 용도나 고속용도에서는 위치 센서를 사용하는 것이 불가능하다. 또 이 위치 센서는 유도 모터에 비해 불리한 점이 되어, 고효율 모터 보급을 방해한다. 이 때문에 위치 센서를 생략하고, 전압이나 전류정보에서 위치를 추정하는 기술이 20년 이상 전부터 현재까지 계속 개발되고 있다.

② 120° 통전방식에 있어서 위치추정법

120° 통전의 경우 각 상(相)의 선간전압이 0으로 되는 6가지의 위상만 추정가능하면 되고, 룸에어컨 압축기용으로서 1982년부터 실용화되고 있다. 그 이래 각종 방식이 제안되었지만, 여기서는 기본적으로 제품실적이 있는 2가지 방식을 다룬다.

(1) 아날로그 필터 방식

그림 3-23에 3상 유기전압파형을 나타냈다. 2가지 상의 유기전압이 동등해지는 위상(선간전압이 0)이 위치검출의 기준 위상이며 이 위상이 남은 상유기전압을 90° 위상 시프트한 때에 0으로 되는 위상에 동등한 것을 이용하는 방식이다.

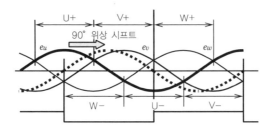

|그림 3-23| 선간전압과 상 90° 위상 시프트

실제 회로에서는 그림 3-24에서처럼 인버터의 암(arm) 전압(단자전압)을 3상 각각 일차 지연 필터를 통해서 PWM의 초퍼 주파수성분의 감쇠와 함께 기본파성분을 90° 위상 시프트시킨 뒤, 직류성분 감쇠 필터를 통과시킨 3상 교류전압으로부터 저항 스타결선의 중성점 전압을 작성하고, 각 상을 이것과 비교해서 위치추정신호를 얻는다.

이 방식의 결점은 전류의 증가와 함께 단자전압의 위상이 진행되기 때문에 위치추정신호도 전진 위상이 된다는 것이다. 이 때문에 적용 모터에 의해서는 하드 회로 혹은 소프트에 의한 위상 지연조정이 필요하게 된다.

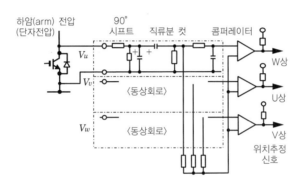

|그림 3-24| 아날로그 필터 방식

(2) 기준전압 비교방식

전류증가에 의한 위치추정신호의 위상변화가 작고, 회로부품의 삭감을 도모한 방식이 단자전압을 기준전압과 비교하는 방식이다. 그 기준전압으로서 입력직류전압 E_d의 1/2, 혹은 권선중성점 전압을 사용해 상(相)유기전압의 0 크로스 위상을 검출한다. 이 방식은 필터 방식과 같은 시기에 생각되어졌지만, 불필요한 펄스 신호의 제거 및 전류 기준 위상인 선간전압의 0 크로스 위상까지의 30° 늦음을 실현하는 간단한 수단이 없고, 전용 IC만의 싼 가격의 마이크로컴퓨터의 출현을 기다린 기술이다.

그림 3-25를 써서 그 원리를 설명한다.

각 상의 상유기전압 e_u, e_v, e_w를 3상 사인파로 주어, 모터 전류 i_{dc}가 W상부터 V상에 흐르고 있고, U상 하암(arm) 단자전압을 관측하는 경우를 생각한다.

이 경우 직류전압 E_d의 1/2이 U상 단자전압 V_u와 같아지는 조건은 직류전압이 W상 권선과 V상 권선에 등분되어 중성점 전압이 $E_d/2$가 되고, 또한 전류가 흐르지 않는 U상의 상유기전압이 0으로 되는 위상이다.

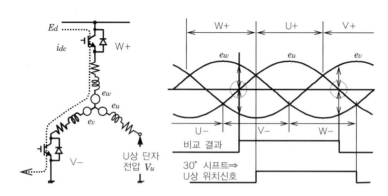

|그림 3-25| 기준전압 비교방식의 원리 설명도

상암(arm) 전역 PWM 제어를 행한 경우를 예로서, 단자전압과 $E_d/2$와의 비교신호를 그림 3-26에 나타내었다.

이 비교신호에서는 중첩기간 중의 전류(轉流) 스파이크 전압이나 PWM 신호의 오프 기간의 전압변화에 의한 불필요한 신호성분이 포함되기 때문에, 이들을 마이크로컴퓨터의 처리에 의해 제거함과 함께 전류 기준 위상까지의 30° 기간의 범위에 대해서 효율이 최대가 되는 위상의 전류를 실현하는 위상까지 위상 지연처리를 행한다.

이 방식의 위치 추정한계는 중첩기간이 30° 이상이 되고, 전류 스파이크 전압 내에 비교 위상이 숨는 경우이다.

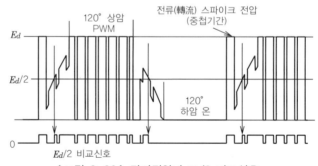

|그림 3-26| 단자전압과 $E_d/2$ 비교신호

(3) 기동방법

어떤 위치검출법으로도 정지 시나 저속역(低速域)에서는 유기전압이 이용 불가능하기 때문에 그림 3-27에서 나타난 것처럼 특정 2상에서 통전하는 위치결정 ⇒ 위치에 무관계하게 전류동작을 행해서 주파수를 상승시키는 동기시동 ⇒ 위치추정에 의한 운전에의 절환에 의해 기동되고 있다.

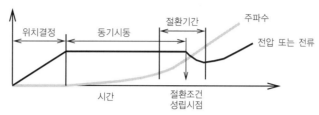

|그림 3-27| 기동운전의 예

3 180° 통전운전에 있어서 위치추정법

(1) 기술상황

사인파 구동에는 세밀한 위치정보가 필요하지만, 고효율 영구자석 동기 모터의 보급에는 고분해능 위치 센서가 방해가 된다. 이 때문에 180° 운전의 위치 센서리스 기술 개발이 행해지고 있다. 이 미세 위치 센서리스에 관해서 종래의 120° 통전방식의 자극 위치 센서를 사용하는 것과 위치 센서를 전혀 사용하지 않는 방식이 있다.

각 대학이나 메이커에서 독자적인 방식의 연구가 행해지고 있고, 아직 표준적인 방식은 이루어지지 않았다.

여기서는 하나의 예를 나타낸다.

(2) 저분해능 인코더 이용방식

6펄스/사이클의 위치검출정보로부터 사인파 구동을 위한 세밀한 위치를 작성하는 하나의 방식을 그림 3-28에 표현하였다. 검출속도를 적분해 내부 위상을 작성하여 위치검출신호 발생시점의 검출 위상과 내부 위상의 차가 0이 되도록 속도를 수정한다. 기본적으로는 PLL(Phase Looked Loop) 방법을 쓴다.

이 이외에 검출한 1사이클 주기부터 각 도당의 시간을 작성하는 방식도 있다.[4]

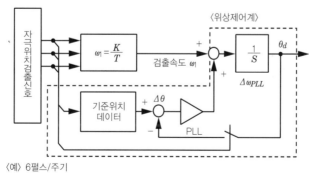

〈예〉 6펄스/주기

|그림 3-28| 저분해 위치 센서에 의한 위상작성법의 예

(3) 전류·전압에 의한 위치추정 방식

위치 센서를 전혀 사용하지 않고 모터 그 자체의 위치로 변화하는 전기량을 이용하는 방법이다. 여기서, 위치로 변화하는 것에 인덕턴스와 유기전압이 있다. 로터 구조, 권선구조, 속도범위와의 적용관계를 표 3-8에 나타냈다.

|표 3-8| 위치추정에 이용되는 인덕턴스와 유기전압

위치로 변화하는 것		로터 구조		권선구조		속도역			중첩신호
		돌 극	비돌극	집중권	분포권	정 지	저 속	중고속	
인덕턴스	돌극성	○	×	×	○	○	○	중 △ 고 ×	필요
	자기포화	○	○	○	○	○	×	×	필요
유기전압		○	○	○	○	×	×	○	불필요

유기전압을 이용하는 경우는 각종 모터에 이용이 가능하지만, 중·고속역 외에는 적용이 불가능하므로 정지위치나 저속위치추정에는 인덕턴스를 이용한다. 구체적으로는 인버터 주파수보다도 높은 신호를 중첩해서 인덕턴스의 위치변화를 위치에 의한 전류변화로서 검출하여 위치를 추정한다. 이 위치추정의 한 가지 사고방식을 다음에 나타낸다.[5]

그림 3-29에 나타낸 것처럼, 실각도 θ_d의 회전위치가 되는 $d-q$ 회전좌표계에 대해서 제어계에서 추정각도 θ_{dc}가 되는 d_c-q_c 좌표계를 생각한다. 여기서, θ_{dc}는 제어계에서 작성하고 있기 때문에 축오차 $\Delta\theta=\theta_{dc}-\theta_d$로 하면, 이 $\Delta\theta$가 관측 가능한 전류에 의해 연산된다면, 실위치가 추정된다.

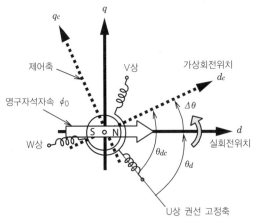

|그림 3-29| 실회전위치와 가상회전위치

이 때문에 $\Delta\theta$가 포함된 d_c-q_c 좌표계에서의 돌극형의 모터 모델을 다음에 나타내었다.

$$\begin{bmatrix} v_{dc} \\ v_{qc} \end{bmatrix} = \begin{bmatrix} r+pL_{dc}+\omega_1 L_{qc} & -\omega_1 L_{qc}-pL_{dqc} \\ \omega_1 L_{dc}-pL_{dqc} & r+pL_{qc}-\omega_1 L_{dqc} \end{bmatrix}\begin{bmatrix} I_{dc} \\ I_{qc} \end{bmatrix} + k_E\omega_1\begin{bmatrix} \sin\Delta\theta \\ \cos\Delta\theta \end{bmatrix} \qquad (3\text{-}3)$$

$$L_{dc} = \frac{L_d+L_q}{2} + \frac{L_d-L_q}{2}\cos2\Delta\theta$$

$$L_{qc} = \frac{L_d+L_q}{2} - \frac{L_d-L_q}{2}\cos2\Delta\theta \qquad (3\text{-}4)$$

$$L_{dqc} = \frac{L_d-L_q}{2}\sin2\Delta\theta$$

위의 식 중에서 $\Delta\theta$가 연산된다면 위치가 추정된다. 그러나 제1항 및 제2항에 축오차가 포함되어 있기 때문에 이것을 직접 구하는 것은 불가능하다. 이 취급방법으로서 다음과 같은 방식이 제안되고 있다.

① 유기전압 이용

 ㉠ $\Delta\theta \fallingdotseq 0$으로서 $\cos\Delta\theta=1$, $\sin\Delta\theta=\Delta\theta$의 근사를 행하는 방법[6]

 ㉡ 제1항을 변형하여, 돌극차에 의해 생기는 자속을 유기전압의 항에 포함시키는 형태로 하는 확장 유기전압 방식[7], [8]

 예 식 3-3을 변형한 다음 식의 $\Delta\theta$를 구한다.

$$\begin{bmatrix} V_{dc} \\ V_{qc} \end{bmatrix} = (r+pL_d)\begin{bmatrix} 1 & 0 \\ 0 & 1 \end{bmatrix}\begin{bmatrix} I_{dc} \\ I_{dc} \end{bmatrix} + (\omega_1 L_q + (L_d-L_q)(p\Delta\theta))\begin{bmatrix} 0 & -1 \\ 1 & 0 \end{bmatrix}\begin{bmatrix} I_{dc} \\ I_{qc} \end{bmatrix}$$

$$+ \{k_E\omega_1 + \omega_1(L_d-L_q)I_d + (L_q-L_d)pI_q\}\begin{bmatrix} \sin\Delta\theta \\ \cos\Delta\theta \end{bmatrix}$$

② 돌극성 이용 : 인버터보다 높은 주파수성분을 주입해서 그 주파수성분만의 모터 모델을 이용해 제2항을 무시하는 방식[9]

 예 d_c축에 속도보다 높은 주파수의 고조파전압 v_h를 인가한 것으로서, 식 3-3에 기초해 그 높은 주파수성분에 주목한 전압 모델을 나타내면 다음과 같다.

$$p\begin{bmatrix} i_{dc} \\ i_{qc} \end{bmatrix} = \frac{1}{L_d L_q}\begin{bmatrix} L_{qc} & L_{dqc} \\ L_{dqc} & L_{dc} \end{bmatrix}\begin{bmatrix} v_h \\ 0 \end{bmatrix}$$

위 식 좌변의 전류 리플을 측정함으로써 축오차의 연산이 가능하다.

Memo

유도 모터

04
CHAPTER

유도 모터는 견고하고 안전해서 산업기계의 원동기로서 가장 많이 사용되고 있고, 현재 범용 모터의 대명사로 불리는 것은 유도 모터이다. 유도 모터의 역사는 길어서 탄생한 지 100년이 넘는다. 그간 설계, 재료, 생산기술의 개량진보가 있었고, 소형 경량으로 고출력의 모터가 개발되었다. 예를 들면, 5마력의 농형 유도 모터에 대해 1910년대의 모터와 현재의 알루미늄 프레임 모터를 비교하면 실로 80% 이상의 소형화가 실현되었다. 근년 지구 온난화 방지를 위해 에너지 절약대책이 불가결하며, 유도 모터에서는 고효율화가 중요한 과제가 되고 있다. 본 장에서는 유도 모터 원리부터 고효율화 기술까지를 개관한다.

Section 1 유도 모터의 원리와 기본특성

① 유도 모터의 분류

유도 모터는 상수(相數)와 회전자 권선의 구조에 의해 다음과 같이 분류된다.

① 상수에 의한 분류 : 다상 유도 모터, 단상 유도 모터

② 회전자 권선의 구조에 의한 분류 : 권선형 유도 모터, 농형(籠形) 유도 모터

이 중 단상 모터는 단상 전원으로 사용하는 가전제품에 사용되고 있는 소용량기(小容量機)가 많다. 한편, 권선형 모터는 양호한 기동특성이 요구되는 특별한 대용량기에만 사용된다. 거의 모든 유도 모터는 3상의 농형 유도 모터이며, 정속도 전동기로서는 이상적인 모터이다. 구조가 간단하고, 브러시 등이 필요 없으므로 보수성이 뛰어나고 고장도 적다.

② 유도 모터의 원리[1]~[3]

유도 모터의 발명은 19세기말에 이루어졌고, 계속해서 미국 Westinghouse사와 독일의 AEG 사를 중심으로 발전해서 20세기 초두에 현재의 구조가 대략 완성되었다고 말할 수 있다. 그 후, 이론과 생산기술 및 재료의 진전에 의해 소형 경량화가 가능하게 되었다. 또 농형 로터의 알루미늄 캐스트에 의한 생산기술이 개발되어 대량생산이 가능해졌다.

유도 모터의 이론은 다른 모터보다도 알기 어렵지만, 원리는 전자유도 현상에 있다. 1824년에 아라고(Arago)에 의해 발견되어, 그 후 패러데이에 의해 체계화되었다.

그림 4-1에서 아라고의 원판을 나타내었다. 회전할 수 있는 금속의 원판을 따라서 자석을 회전 이동시키면, 원판이 질질 끌리듯 돌아간다. N극 자석의 회전 전방에서는 자속이 증가하기 때문에 그것을 저지하는 방향으로 전류가 흘러서 N극이 발생하고, 후방에서는 역으로 S극이 발생하여 영구자석의 N극과 반발, 서로 흡인하게 되어 회전한다.

모터로서는 원판 대신에 그림 4-2처럼 농형 회전자를 사용한다. 또 자석을 움직이는 대신에 고정자 권선에서 회전자계를 만들게 하고 있다. 3상 권선에 3상 교류를 접속하면, 시간과 함께 회전하는 부드러운 회전자계를 만드는 것이 가능하다(2장 1절 참조).

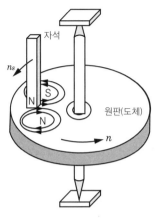

|그림 4-1| 아라고의 원판

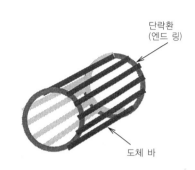

|그림 4-2| 농형(籠形) 회전자

회전자계의 속도는 모터의 동기속도 n_s라 부르고, 다음과 같은 식으로 나타낸다.

$$n_s = 60f/P \text{ [rpm]} \tag{4-1}$$

여기서, f : 전원주파수, P : 극대수

회전자는 조금 늦은 속도 n으로 회전한다. 이 지연속도의 동기속도에 대한 비를 슬립(slip) s라고 부른다.

$$s = [(n_s - n)n_s] \times 100[\%] \tag{4-2}$$

3 등가회로[2]

유도 모터의 등가회로는 변압기이론을 응용해서 도출한다. 2차측의 회전자가 1차측의 고정자측에 대해 상대적으로 이동하고 있다고 생각한다. 유도 모터가 슬립 s로 운전하고 있을 때 1상분의 등가회로는 그림 4-3처럼 된다.

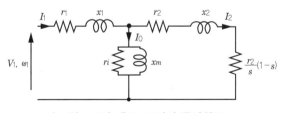

|그림 4-3| 유도 모터의 등가회로

2차측의 등가저항은 r_2/s이지만 모터의 경우는 출력이 기계동력이기 때문에 이것과 동등한 전력 P_k를 소비하는 적당한 전기저항을 부하회로에 접속하고 있다.

$$r = r_2/s - r_2 = r_2(1-s)/s \tag{4-3}$$

전력 P_k는 다음과 같다.

$$P_k = m(V_1^2 r_2(1-s)/s)/\{(r_1 + r_2/s)^2 + (x_1 + x_2)^2\} \qquad (4-4)$$

여기서, m : 상수

실제 저항은 r_2이기 때문에 이 만큼이 동손(銅損)에 관계한다. 그러므로

$$2\text{차 입력} : \text{기계동력} : 2\text{차 동손} = 1 : (1-s) : s \qquad (4-5)$$

로 된다. 또한, 토크 T는 식 4-4로부터

$$T = P_k/\{2\pi f(1-s)/P\} \qquad (4-6)$$

이다. 토크 특성을 구하면 그림 4-4처럼 된다.

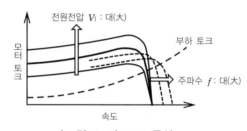

|그림 4-4| 토크 특성

Section 2 — 3상 유도 모터

유도 모터의 대부분은 3상 모터이며 수백 W부터 1만 kW에 이르기까지 여러 가지 산업기계의 원동기로서 가장 많이 사용되고 있다.

1 구조

그림 4-5는 표준 모터의 외관이며, 그림 4-6은 표준 모터의 구조를 나타낸다. 그림 4-7은 단면도이다.

|그림 4-5| 3상 유도 모터의 외관

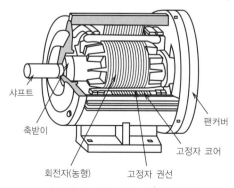

샤프트
축받이
팬커버
고정자 코어
회전자(농형)
고정자 권선

|그림 4-6| 유도 모터의 구조

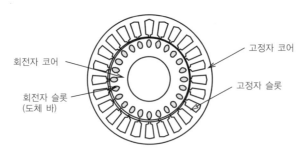

회전자 코어

회전자 슬롯
(도체 바)

고정자 코어

고정자 슬롯

|그림 4-7| 유도 모터의 코어 단면구조

❷ 유도 모터의 설계와 자속 분포

그림 4-8은 자속분포이며, 유한요소법에 의한 자계해석의 예이다.

모터의 설계는 하나의 파라미터를 움직이게 해도 여러 가지 성능에 관계하기 때문에, 한쪽이 좋다면 다른 쪽이 나빠지는 예가 많고, 균형 잡힌 사고방식이 요구된다.

유도 모터는 시동 시와 정격운전 시와는 자속분포의 양상이 크게 다르다는 성질이 있다(그림 4-8). 정격운전 시의 2차 전류는 극저주파의 작은 전류가 흐르는 것에 비해 시동 시에는 고정자 전류와 같이 주파수가 큰 전류가 흘러서 반작용으로 인해 자속은 회전자표면을 흐르기 때문이다.

토크도 저속도 영역에서는 릴럭턴스의 영향이 크고, 고속도 영역에서는 저항의 영향이 크다. 그러므로 유도 모터의 설계는 시동 시와 정격운동 시의 2가지 조건을 주시해 가면서 행할 필요가 있다. 예를 들어 정격운전 시의 효율을 높이기 위해서는 정격운전 시의 슬립(slip)을 작게 하면 좋겠다고 생각되지만, 슬립은 2차 저항에 비례하기 때문에 2차측 도체의 단면적을 크게 하는 설계가 된다.

그러나 2차측 도체의 단면적을 크게 하면 시동전류가 너무 커져 버린다. 이와 같이 2차 도체 주위의 설계는 유도 모터의 설계 중에서도 가장 신경을 써야 할 한 부분으로서, 가장 중요한 것은 정격 시의 효율이 좋아야 할 뿐만 아니라 시동전류가 작아도 충분한 시동 토크를 얻을 수 있도록 회전자 슬롯 및 도체의 단면형상을 최적화해야 한다는 것이다.

다른 한 가지는 유도 모터의 갭 길이에 대해서도 무부하 전류와 역률, 고조파 손실의 균형을 고려해 선정할 필요가 있다.

이상과 같이 유도기의 설계는 무부하 시, 시동 시, 전(全)부하 시 각각의 운전조건에서 전류나 효율의 사양을 제작비 계산에 잘 넣어서 진행할 필요가 있다.

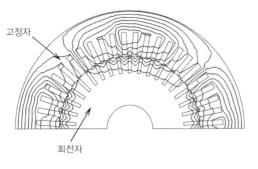

고정자

회전자

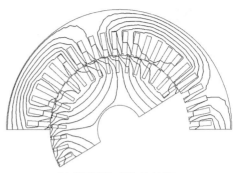

(a) 시동 시의 자속분포
 회전자에 고정자 전류와 같은 주파수의
 대(大)전류가 흐른다.

(b) 정격운전 시의 자속분포
 회전자에 극저주파수의 소(小)
 전류가 흐른다.

|그림 4-8| 유도 모터의 자속분포

Section 3 단상 유도 모터

단상 유도 모터는 단상 교류로 운전하는 유도 모터에서 수백 W 이하의 소형 모터이다. 가정용이나 소규모의 산업기계에 많이 사용되고 있다.

원리는 3상 유도 모터와 거의 같지만 단상 전원에서는 회전자계(回轉磁界)가 불가능하기 때문에 고정자측에 고려하고 있다. 그만큼 3상 유도 모터에 대해 성능상의 불이익은 면할 수 없다. 콘덴서 모터가 많이 사용되지만 일부에서는 셰이딩 코일(shading coil) 모터도 사용된다.

1 콘덴서 모터

(1) 콘덴서 모터의 구성

콘덴서 모터는 회전자는 보통의 농형 회전자로서, 고정자에는 주권선과 보조권선의 2조의 권선을 설치하여 서로의 위치를 전기각(電氣角)에서 90° 옮겨 배치하고 보조권선과 직렬로 콘덴서를 연결한다.

그림 4-9는 콘덴서 모터의 구성이다.

콘덴서는 운전 중에 항상 연결하고 있는 방법과 시동 시에만 보조권선과 콘덴서를 이용하고, 운전 시에는 원심 스위치를 이용하여 이것을 분리시키는 방법이다. 후자는 콘덴서 시동형 모터라 부른다.

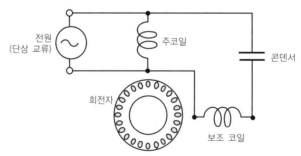

| 그림 4-9 | 콘덴서 모터의 구조

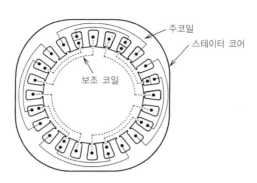

주코일
스테이터 코어
보조 코일

| 그림 4-10 | 고정자 단면(4극기)

그림 4-10은 고정자 권선의 배치를 나타낸 것이다.

전원에 일정 주파수의 단상 전원을 연결하면 보조 권선에 흐르는 전류는 콘덴서에 의해 주(主) 권선전류에 대해 전기각으로 약 90° 진행하기 때문에 회전자계가 생기고 그 자계에 끌려서 모터가 회전한다. 단, 이때 생기는 회전자계는 자계 벡터가 방향에 따라 증감하는, 소위 타원형의 회전자계를 나타낸다. 콘덴서의 용량을 바꾸면 이 타원형의 회전자계가 변형해서 속도가 바뀐다. 또한, 한쪽 편의 권선을 역접속하면 회전방향이 바뀐다.

일반적으로 속도제어는 트라이액을 사용한 온·오프 제어 또는 위상제어를 적용한다. 위상제어를 하면 전류파형이 일그러지기 때문에 소음을 발생시키는 경우가 있으므로 주의를 기울일 필요가 있다.

(2) 콘덴서 모터의 응용

콘덴서 모터는 구조가 간단하고 가정의 상용전원을 직접연결하면 운전이 가능하므로, 선풍기, 냉장고, 세탁기 등 가전제품에 널리 이용되고 있다. 그 대표적 예로서 세탁기에 사용되고 있는 콘덴서 모터의 외관을 그림 4-11에 나타내었다.

| 그림 4-11 | 모터 외관(세탁기용)

2 셰이딩 코일 모터

셰이딩 코일 모터(shading coil motor)는 콘덴서 모터와 같이 단상 모터이다. 돌극형 자극의 한쪽 끝에 셰이딩 코일이라 부르는 1턴의 단락환(短絡環)을 설치한 구조로서, 셰이딩 코일을 통하는 자속이 다른 넓은 자극부분을 통하는 주자속보다도 위상(位相)이 늦는 것을 이용해서 이동 자계를 만들도록 구성되어 있다.

셰이딩 코일 모터는 출력 25W 정도 이하의 소용량의 것이 많고, 모터 효율이 좋지 않으나 콘덴서가 필요 없어서 가격이 싸기 때문에, 선풍기, 수조정화용 펌프, 드라이어, 사무기계의 냉각 팬 등에 사용되고 있다.

회전자계의 방향은 기계적으로 결정되기 때문에 1방향 회전밖에 못한다. 통상, 조속(調速) 등의 복잡한 운전은 행하지 않는다.

Section 4 고조파의 발생과 그 영향

유도 모터 구조의 큰 특징으로 고정자와 회전자 사이의 간극(間隙 : 틈새)길이가 작다는 것을 들 수 있다. 회전자 외경이 50~60mm의 모터라도 간극은 불과 0.3mm 정도이다. 여자전류(勵磁電流)를 작게 해서 역률을 좋게 하여 토크를 내기 위해 간극을 작게 하는 것이 필수이며, 기계적으로도 좁은 간극을 유지해 가며 안전하게 운전이 가능하도록 마음을 쓰고 있다. 그 반면, 간극을 좁게 하면 자계의 고조파 영향이 강하게 나타나므로, 손실이 느는 등 성능이 저하돼 버릴 우려가 있다. 이하 3상 농형(籠形) 모터를 염두에 두고 조사해 보자.

1 고조파의 원인과 대책

고조파의 원인은 다음과 같이 여러 가지를 생각해 볼 수 있지만, 다음 두 가지가 기본적인 원인이라 할 수 있다.

(1) 고정자 권선의 결선방식 및 코일의 구조

고정자 권선은 슬롯에 삽입되어 간격을 두고 배치되기 때문에 기자력에는 많은 고조파를 포함하고 있다.

일반적으로, 슬롯수는 상수(相數)와 극수(極數)의 상승적(相乘積 : 두 개 이상의 수를 서로 곱해 얻은 수의 정수배(整數倍)로 선택하고, 분포권의 단절권선(短節卷線)을 채용하여 고조파의 영향을 작게 하고 있다. Y결선이 많은 것은 단자측에 3차 조파의 성분이 나타나지 않게 하기 위함이다.

(2) 슬롯에 의한 자기회로의 부정(不整)

슬롯에 의해 간극부 퍼미언스(permeance : 透磁度)가 장소에 의해 주기적으로 변동하기 때문에 고조파를 발생시킨다. 슬롯의 개구부가 크면 영향도가 높기 때문에 반폐(半閉) 슬롯을 하거나 자성쐐기를 사용해서 영향도를 억제할 수 있지만, 그렇게 하면 누설자속이 증가해 최대 토크가 저하하고 역률(力率)도 내려가므로 적절한 설계값을 선정할 필요가 있다.

(3) 농형(籠形) 로터의 구조

농형 로터에서는 회전자 도체 바(bar)의 2차 전류에 의한 반작용 고조파가 발생한다. 이 때문에 도체 바의 수는 신중히 선정할 필요가 있으며, 고정자의 슬롯수와 같게 하는 것은 바람직하지 않다고 여겨지고 있다.

소형기의 경우 스큐를 수행해서 이 영향을 저감하는 경우도 많다.

(4) 철심의 자기포화

소형기는 자속밀도가 높으므로 발생하기 쉽다. 이것을 피하기 위해서는 철심의 자속밀도를 낮추어야 하는데 소형으로 하기 위해서는 어느 정도는 감수해야 한다.

(5) 인버터에서 운전할 때 발생하는 전원고조파

전원에 포함된 시간고조파의 문제이다.

인버터의 종류와 제어 방법에 의존한다.

(6) 제작불량(製作不良) 등

제작불량의 예로 간극 거리의 고르지 않음, 회전자의 편심, 회전자 바 잘림 등을 들 수 있다.

기본적으로 전자기적인 회전대칭의 상태가 깨지면 고조파의 원인이 되므로 정밀도가 높게 제작하기 위한 생산기술이 중요하다. 전자강판의 치수 정밀도가 좋은 크기의 기술, 다이캐스팅 시, 수축에 의해 간극이 발생하는 현상이 없도록 하는 주입(鑄入) 기술 등 기술의 축적이 고조파 제어에 한 몫을 한다.

2 고조파의 영향

고조파는 유도 모터에 다음과 같은 나쁜 영향을 준다.

(1) 기동 시 이상(異常) 현상, 이상(異常) 토크의 발생

농형(籠形) 유도 모터의 설계상 가장 어려운 문제로 유명하다. 유도 모터를 정전압 정주파 전원으로 기동할 때의 문제로, 고정자·회전자의 슬롯수의 조합에 의해 모터가 기동하지 않거나 기동하더라도 도중에 가속되지 않거나, 기동되어도 큰 이상음(異常音)이 발생하거나 하는 현상이다. 크롤링(crawling) 현상이라 불리고 있다.

현재도 이론적으로 발생횟수는 어느 정도 예상 가능하지만 크기를 평가하는 것은 아직 어렵다. 실무에서는 주로 경험·실적에 기초해서 슬롯수를 정하고 있다.

소형기에서는 스큐에 의해 이 이상현상을 피하는 것이 보통이다.

(2) 고조파 손실의 발생

고조파는 손실의 원인이 된다. 티스 선단 근방에서는 고조파가 중첩된 자계가 발생해서 철손실의 증가를 초래하고 있다. 게다가 간극을 중간에 두고 고정자와 회전자를 교차하는 누설자속에 의해 철심 표면부근에는 철손실이, 도체 바의 머리 부분에는 고조파 동손실이 발생한다.

인버터 운전 시에는 1차 권선에 시간고조파에 의한 고조파 동손실이 발생한다.

이들 고조파 손실도 최근의 자계해석기술의 진보에 의해 점차 분명해지고 있다.[4]

(3) 진동·소음의 증가

고조파자계는 고조파의 전자가진력(電磁加振力)을 발생시켜 진동·소음의 증가를 초래하는 경우가 있다.

슬롯 조합을 바꿔서 소음을 측정한 예를 그림 4-12에 나타내었다.[5]

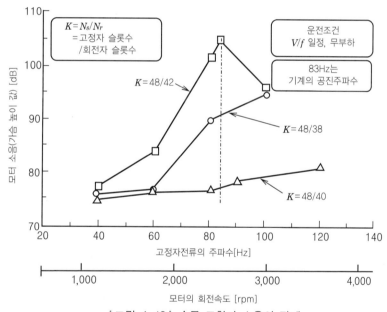

|그림 4-12| 슬롯 조합과 소음의 관계

Section 5 에너지 절약과 고효율화

현재 지구온난화 방지, 오존층의 보호 등 지구환경을 지키는 것이 세계적인 큰 과제가 되어 있고, 그 때문에 에너지 절약 대책이 불가결하다. 그 중에서도 전 전력사용량의 반 이상인 공장에서의 전력사용량 70%는 모터가 점하고 있다고 한다. 유도 모터는 견고하고 싼 가격 때문에 산업기계의 원동기로서 가장 많이 사용되고 있다. 유도 모터의 고효율화가 중요한 과제이다.[6] 국내·외에서 효율규제가 시작되고 있다.

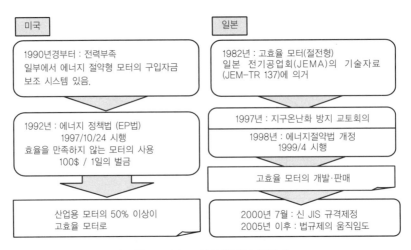

|그림 4-13| 고효율화에의 법규제

그림 4-13에 나타낸 것처럼 미국에서는 「1992년 에너지정책법(EP법)」이 1997년 10월에 시행되어 미국 내에서 사용하는 모터 및 모터가 들어간 제품에 대해서 고효율 모터의 사용을 의무화하였다.

일본 내에서는 1982년 9월에 일본전기공업회(JEMA)가 작성한 기술자료 「JEM-TR 137」에서 절전형 모터의 효율이 결정되어 2000년 7월에 JIS화(JIS C 4212) 되었다.

EP법은 0.75~150kW, JIS는 0.2~37kW의 상용주파수로 구동하는 모터를 대상으로 하고 있다. 지금까지의 표준 모터의 효율보다 1~3% 정도 높다. 종래 유도 모터의 개발에 대해서는 소형 경량화, 저가격화에의 요구가 강했지만 고효율화를 지향하는 방향성을 잡았다는 점에서는 의의가 크다.

유도 모터의 고효율화를 도모하는 방책을 생각해 보자. 모터의 출력은 거의 모터 크기에 비례하기 때문에, 크게 하면 자속밀도와 전류밀도가 작아질 수 있으므로 효율은 어느 정도 높아질 수 있다. 그러나 원칙적으로는 발생손실을 저감하는 것이 중요하다.

유도 모터의 발생손실에는 1차 동손실, 2차 동손실, 철손실, 기계손실 및 표유부하손실(漂遊負荷損失)이 있다. 그 저감책을 표 4-1에 나타내었다.

|표 4-1| 유도 모터의 손실저감책

손 실	저감책
1차 동손실	• 권선 단부를 포함한 콤팩트한 정책 • 권선의 선경(線徑) 확대
2차 동손실	• 알루미늄 주입(鑄込) 기술 향상, 동재(銅材) 사용
철손실	• 저손실 전자강판의 채용 • 가공불량 제거 • 국부적 자속 집중을 피하는 설계
기계손실	• 축받이 손실의 저감 • 고효율 팬, 냉각로의 선정
표유부하손실	• 슬롯 개구부에 자성 쐐기 장착 • 로터의 스큐, 로터 바 절연 향상 • 슬롯수와 바수와의 조합 최적화

(1) 1차 동손실

1차 동손실은 유도기의 손실 중 보통 가장 큰 손실이며, 전 손실의 35% 이상을 점하는 것도 드물지 않다. 이것을 저감하기 위해서는 권선을 콤팩트하게 장착하는 기술이 중요하다. 콤팩트로 가능하다면 저항값이 내려가는 효과는 크다. 단, 집중권은 적용이 어려우므로 분포권을 중심으로 생각해야 한다.

(2) 2차 동손실

2차 저항값은 효율에 직접 관계하고, 저항값을 낮추면 슬립(slip)이 적어지며, 2차 동손실이 적어질 수 있다. 그러므로 2차 도체의 단면적을 크게 하고, 경우에 따라서는 재질을 알루미늄에서 동으로 변경하는 것을 고려해 볼 필요가 있다.

(3) 철손실

철손실은 사용하는 재료와 자기회로의 자속밀도에 의해 좌우된다. 철손실을 저감하기 위해서는 자기회로의 자속밀도를 낮추는 설계를 해야 한다. 단, 모터의 몸통을 크게 하는 것이 되기 때문에 역시 자기회로 전체를 보고, 국부적인 자속의 집중을 피하는 것이 좋겠다.

이 설계에는 유한요소법에 의한 자계해석이 유효하고, 모터 설계에는 필수의 해석기술이 되어 있다. 한편, 전자강판 메이커에서는 포화 자속밀도가 크고, 철손실이 작은 전자강판의 개발을 기대하고 싶다.

(4) 표유부하손실

전체의 손실에서 동손실, 철손실, 기계손실을 뺀 나머지를 표유부하손실이라고 부르며, 주 발생요인으로 아래 항목을 들 수 있다.

① 고정자와 회전자를 왕래하는 지그재그로 누설자속에 의한 회전자 및 고정자 철심 표면부근에 발생하는 철손실

② 고조파자속에 의한 2차 도체의 두부(頭部)에 발생하는 고조파동손실

③ 회전자 철심 중에 흐르는 누설전류에 의한 횡단전류손실

이것들의 손실은 고조파와 모터의 제작정밀도에 관련하기 때문에 정량적인 예측이 어렵다. 자계해석기술과 경험의 양면에서 신중한 대응이 필요하다.

유도 모터의 고효율화의 포인트는 자계해석기술을 사용한 손실의 분석을 기본으로 하여, 재료, 냉각기술, 생산기술을 이용해 현실적인 가격으로 모터를 실현하는 것에 있다.

유도 모터 드라이브

05
CHAPTER

대표적인 교류 모터의 하나인 유도 모터의 가변속 구동에 대해 설명한다. 교류 모터는 직류 모터에 비해 제어성이 나쁘다고 하지만, 근년의 인버터 기술의 진보에 의해 유도 모터가 가변속 구동의 주력의 하나로 되고 있다.

유도 모터의 가변속 구동에는 V/f 일정제어와 같은 범용성이 높은 것부터 고성능의 제어가 실현가능한 벡터 제어 등 여러 가지 제어방법이 있으며, 넓은 분야에서 응용되고 있다.

Section
1 유도 모터의 제어

본 절에서는 유도 모터의 가변속 구동방법의 개요에 대해서 설명한다.

유도 모터의 회전속도 ω_m과 구동주파수 ω_1의 관계는 극대수(極對數) P 및 슬립(slip) s를 사용하여 다음과 같은 식으로 나타난다.

$$\omega_m = \frac{1}{P}(1-s)\omega_1 \tag{5-1}$$

위 식에 의해 회전속도를 바꾸기 위해서는 슬립 s, 혹은 구동주파수 ω_1의 어느 쪽이든 바꾸는 방법밖에 없음을 알 수 있다. 슬립을 바꾸는 방법으로는 1차 전압제어, 2차 전력제어가 있으며, 1차 주파수를 바꾸는 방법으로는 V/f 일정제어(一定制御), 벡터 제어 등이 있다.

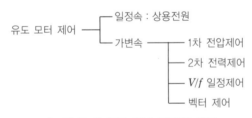

|그림 5-1| 유도 모터 제어의 분류

(1) 1차 전압제어

구동주파수 일정조건에서 1차 전압 V_1을 바꿈으로써 유도 모터의 토크 특성을 변화시켜 가변속을 실현한다. 1차 전압의 제어를 위해서는 사이리스터에 의한 위상제어를 사용하는 경우가 많다. 1차 전압제어는 전동기 효율이 나쁘다는 결점이 있기 때문에 응용제품이 감소하는 경향이 있다.

(2) 2차 전력제어

V_1, ω_1 구동주파수를 일정하게 두고(예를 들면, 상용전원을 사용한다), 2차측의 소비전력을 제어함으로써 유도 모터를 가변속 구동하는 것이 가능하다. 이 경우 유도 모터는 2차 권선을 갖춘 권선형 유도 모터가 아니면 안 된다.

2차 권선을 외부에 끌어내 저항을 연결해서 2차 전력을 제어한다. 혹은 저항 대신 교환기를 연결하여 전력계통에 2차 전력을 회수하는 방식(사이리스터 셰르비우스 방식 등)이 있다. 주로 대용량의 가변속 구동용도로서 사용되고 있다.

(3) V/f 일정제어

구동주파수와 동시에 V_1을 변화시켜 유도 모터를 가동하는 제어방식이다. 주파수와 전압을 일정한 비율로 바꾸는 것으로, 유도 모터 내의 주자속을 구동주파수에 의하지 않고 일정하게 하는 것이 가능하며, 넓은 속도범위에서 양호한 토크 특성이 얻어진다.

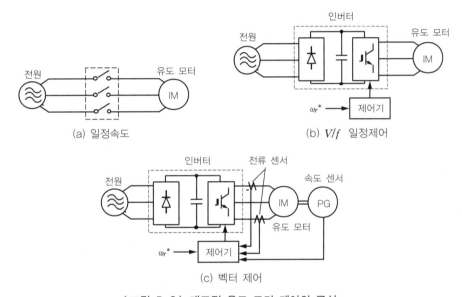

(a) 일정속도

(b) V/f 일정제어

(c) 벡터 제어

|그림 5-2| 대표적 유도 모터 제어의 구성

(4) 벡터 제어[1]

벡터 제어는 유도 모터의 주자속에 기여하는 전류성분(여자전류)과 토크에 기여하는 전류성분(토크 전류)을 각각 독립적으로 제어하고, 모터의 순시 토크의 제어를 가능하게 하는 것이다. 벡터 제어를 사용하는 것으로 토크의 선형화가 실현되고, 직류 모터와 동등 이상의 제어성능을 얻을 수 있게 된다.

중·소형 유도 모터에서는 V/f 일정제어나 혹은 벡터 제어가 가변속 구동방식으로 널리 사용되고 있다. 이하의 각 절에서는 그것들의 구체적인 방법에 대해서 설명한다.

V/f 일정제어

1 원리

그림 5-3에서 유도 모터의 등가회로(T형 등가회로)를 표현하였다. 그림에서 V_1과 ω_1의 비를 일정하게 제어하면 여자전류(勵磁電流) I_0가 구동주파수에 의존하지 않고, 거의 일정하게 제어될 수 있다. 이것에 의해 모터 발생 토크는 ω_1에 의하지 않고, 슬립 s의 함수로서 제어되는 것이 된다. V/f 일정제어의 속도-토크 특성은 그림 5-4에서 나타낸 것처럼 구동주파수에 의해서 토크 특성이 거의 평행이동한 것으로 된다. 그 결과, 넓은 속도범위에서 유도 모터의 성능을 끄집어 내는 것이 가능해진다. 단, 구동주파수가 낮은 영역에서는 1차 저항 R_1의 전압하강이 무시할 수 없어지기 때문에 토크 특성이 열화(劣化)한다. 이 영향을 보상하기 위해 V/f의 함수를 그림 5-5 처럼해서 저속역(域)의 전압을 크게 하고 있다.

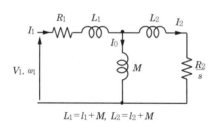

- V_1 : 인가전압
- ω_1 : 1차 각주파수
- I_1 : 1차 전류
- I_2 : 2차 전류
- I_0 : 여자전류
- L_1 : 1차 권선 인덕턴스
- L_2 : 2차 권선 인덕턴스
- M : 여자 인덕턴스
- R_1 : 1차 권선저항
- R_2 : 2차 권선저항

$$L_1 = l_1 + M, \ L_2 = l_2 + M$$

|그림 5-3| 유도 모터의 등가회로

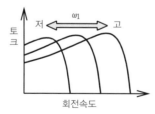

|그림 5-4| V/f 일정제어 시 토크 특성

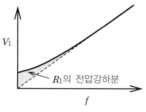

|그림 5-5| V/f 함수

② 제어구성

V/f 일정제어의 구성을 그림 5-6에 나타내었다. 회전속도지령 $\omega_r{}^*$에서 구동주파수 $\omega_1{}^*$를 구해, 함수발생기에 의해 구동전압 V_1을 결정한다. 또한, 구동주파수를 적분함으로써 교류 위상 θ_d를 연산한다. 이들 수치에 근거하여 3상 교류전압지령을 연산하고 PWM(펄스폭 변조) 신호에 변환하여 인버터를 스위칭해 유도 모터를 구동한다.

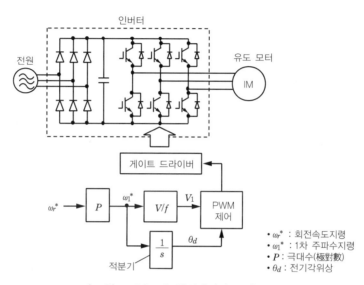

|그림 5-6| *V/f* 일정제어의 구성

③ *V/f* 일정제어의 특징

V/f 일정제어란 인버터 기술의 진보와 함께 산업분야에 있어서 넓게 사용되게 된 기술이다. 다음에서 그 특징을 정리하였다.

① 저속역의 토크 부족을 빼면 넓은 속도범위에 걸쳐 폭넓게 유도 모터를 가변속 구동이 가능하다.

② 전동기상수(인덕턴스, 저항) 등의 정확한 정보는 필요 없고, 모터의 정격값만 안다면 손쉽게 가변속 구동하는 것이 가능하다.

③ 제어구성은 심플하며, 싼 가격의 제어용 마이크로컴퓨터에서 실현할 수 있다.

④ 회전속도에는 슬립분의 속도 오차가 존재하기 때문에 높은 속도정밀도는 기대할 수 없지만 선풍기, 펌프 등의 동력용도의 가변속 구동으로서는 적절하다.

Section 3 벡터 제어

1 원리

그림 5-3의 등가회로는 그림 5-7처럼 등가변환하는 것이 가능하다. 그림에 있어서 I_d는 M'를 흐르는 성분이며, 2차 자속 Φ_2를 만드는 여자성분이다. I_q는 2차 저항을 흐르는 성분이며, 슬립 s에 대응해 크기가 변화한다. I_d와 I_q의 관계는 인덕턴스 M'와 저항 R_2'/s를 흐르는 전류의 관계이기 때문에 양자는 반드시 $90°$의 위상차를 가진다. 즉, 그림 5-7의 등가회로가 성립하는 조건으로 유도 모터를 구동하면 I_d를 2차 자속을 만드는 여자전류성분으로, I_q를 그것에 직교하는 토크 전류성분이라 생각하는 것이 가능하다. 이 경우 유도 모터 토크 T_m은

$$T_m \propto \Phi_2 I_q \qquad (5-2)$$

이기 때문에 자속을 일정하게 제어한다면 토크는 I_q에 비례하게 되어 토크의 선형화가 실현된다.

그림 5-8에 I_d와 I_q의 벡터 그림을 나타내었다. I_d를 항상 일정하게 유지하며 2차 자속을 일정하게 하고, 토크에 응해 I_q를 바꾸도록 제어한다. 유도 모터에 흐르는 1차 전류 I_1은 토크에 맞게 전류의 크기와 위상이 변화한다.

그림 5-7의 등가회로의 관계를 지키기 위해서는 토크(토크 전류 I_q)에 의해 슬립 s를 바꿀 필요가 있음을 알 수 있다. 슬립 s와 I_q의 관계는 그림에 있어서 2차 회로의 전압방정식에 의해 구할 수 있다. 2차 회로의 전압방정식은

$$\omega_1 M' I_d = \frac{R_2'}{s} I_q \qquad (5-3)$$

이기 때문에

$$\omega_1 s = \frac{R_2' I_q}{M' I_d} = \frac{R_2 I_q}{L_2 I_d} \qquad (5-4)$$

이 된다.

위 식에 따라 슬립 s(미끄러짐 주파수 ω_s)를 주는 것으로 벡터 제어가 실현된다.

86

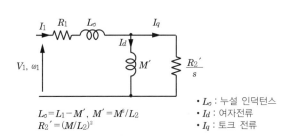

$L_o = L_1 - M'$, $M' = M^2/L_2$
$R_2' = (M/L_2)^2$

- L_o : 누설 인덕턴스
- I_d : 여자전류
- I_q : 토크 전류

|그림 5-7| 유도 모터의 $T-I$형 등가회로

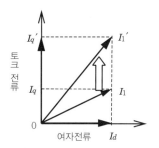

|그림 5-8| 모터 전류 I_1의 변화

② 제어구성

벡터 제어를 실현하는 제어구성을 그림 5-9에서 표현하였다. 벡터 제어는 속도제어기, 전류제어기, 슬립 연산기 등으로 구성되며, V/f 일정제어와 비교했을 때 상당히 복잡하다.

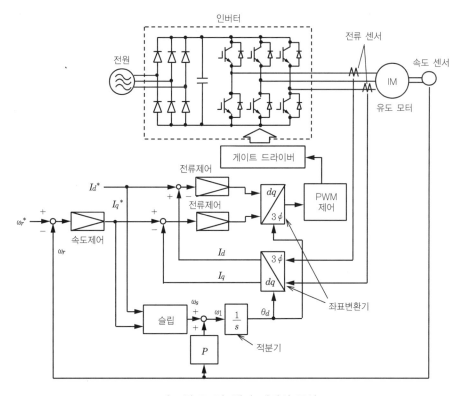

|그림 5-9| 벡터 제어의 구성

여자(勵磁)전류지령은 보통은 일정값을 주고, 자속을 일정하게 유지하도록 제어한다. 또한, 토크 전류지령은 속도제어기의 출력으로서 주어진다. 각 전류제어기에서는 각각의 지령치(指令値)에 실제의 검출치가 일치하도록 유도 모터의 전압지령을 연산한다. 또한, 슬립 연산기에서는 식

5-4에 따라 슬립 주파수를 연산하고 유도 모터의 회전속도에 가함으로써 1차 주파수로 하고 있다.

3 벡터 제어의 특징

(1) 유도 모터의 순시 토크 제어가 가능하고, 고응답·고성능의 드라이브 제어 시스템이 실현 된다. 게다가 유도 모터 자체의 장점(견고함, 점검이나 정비가 필요없음)이 살려져서 가변 속 시스템으로서는 직류 모터 이상의 것이 된다.

(2) 벡터 제어에서는 유도 모터의 전기상수(특히 R_2와 L_2)를 제어기 내에 정확하게 설정할 필 요가 있고, V/f 일정제어처럼 범용성은 잃게 된다. 또한, 이것들의 상수 자동조정기능(오 토튜닝)을 내장한 범용 인버터도 일부에서 실용화되고 있다.

Section 4 속도 센서리스 벡터 제어

1 구성과 원리

벡터 제어는 토크 전류와 자속을 독립적으로 제어하기 위해 높은 제어성능이 얻어지지만 속도 센서가 필요하다. 속도 센서는 정밀기계이기 때문에 적용분야에 의해서는 설치가 어려운 경우가 있다. 예를 들면, 진동이나 고온 등 기계적 환경이 나쁜 장소에 설치하는 경우이다. 이에 비해 속도 센서리스 벡터 제어는 모터의 전압과 전류에서 속도를 추정하여 벡터 제어를 실현한다.

그림 5-10에서 속도 센서리스 벡터 제어 구성의 일례를 보였다.

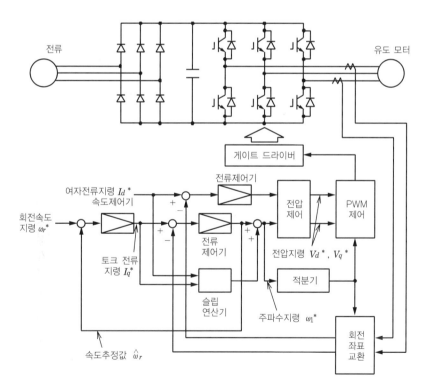

| 그림 5-10 | 속도 센서리스 벡터 제어의 구성

벡터 제어와 같은 양상으로, 여자전류지령 $I_d{}^*$ 및 속도지령 $\omega_r{}^*$을 주고, 속도지령 $\omega_r{}^*$과 회전속도 ω_r이 일치하도록 토크 전류지령 I_q를 제어한다. 그러나 속도 센서에 의한 신호가 없기 때문에 회전속도 ω_r로 바꾸고 회전속도 추정값 $\hat{\omega}_r$을 이용할 필요가 있다.

한편, 인버터의 출력주파수 ω_1과 모터의 회전속도 ω_r의 차이인 슬립 주파수 ω_s로 자속의 방향을 제어하는 것이 불가능하다. 이 때문에 속도 센서리스 벡터 제어에서는 전압제어에 의해 자속을 제어한다.

그림 5-11에서 유도 모터 벡터의 그림을 나타냈다. 자속이 d축과 평행이라고 가정하면 자속과 직교하는 q축 방향으로 기전력 E_0이 발생한다. 모터 전류 I_1과 평행인 저항분에 의한 전압강하 V_R과 직교하는 누설 인덕턴스에 의한 전압강하 V_L을 기전력 E_0에 가산하면 모터 전압 V_1이 된다. 거기서 q축 방향으로 기전력지령 $E_0{}^*$를 주고, 이것에 저항 및 누설 인덕턴스에 의한 전압강하분을 가산하여 전압지령 $V_1{}^*$을 제어함으로써 자속의 방향을 d축에 일치하도록 제어할 수 있다.

d축과 자속이 평행인 때 토크 전류 I_q와 슬립 주파수 ω_s의 사이에는 비례관계가 성립하기 때문에 토크 전류 I_q에서 슬립 주파수 ω_s를 연산하는 것이 가능하다. 이 슬립 주파수 ω_s를 토크 전류의 전류제어기의 출력에 가산하여 주파수지령 $\omega_1{}^*$를 구한다. 이때 전류제어기의 출력은 회전속도 추정값 $\hat{\omega}_r$이 된다.

이것은 회전속도 추정값 $\hat{\omega}_r$이 유도 모터의 회전속도 ω_r보다 작은 경우 실제의 슬립 주파수 ω_s가 크게 되기 때문에 토크 및 토크 전류 I_q가 증가하고, 전류제어기의 출력인 회전속도 추정값 $\hat{\omega}_r$은 감소하며 회전속도 ω_r에 가까워진다. 역으로, 회전속도 추정값 $\hat{\omega}_r$이 큰 경우 토크 전류 I_q가 감소하고, 또한 회전속도 추정값 $\hat{\omega}_r$는 회전속도 ω_r에 가깝게 된다. 따라서 회전속도 추정값 $\hat{\omega}_r$과 회전속도 ω_r이 일치하는 것이 된다.

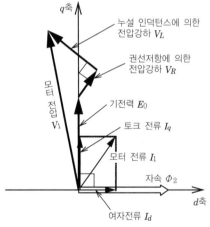

|그림 5-11| 유도 모터 벡터 그림

② 특성과 연구동향

그림 5-12에 토크 특성을 나타냈다. 속도 센서리스 벡터 제어는 V/f 일정제어와 비교했을 때 저속으로 높은 토크 성능이 실현가능하며, 부하에 의한 속도변동이 작은 것이 장점이다.

그러나 속도 0에 가까운 영역에서는 1차 저항의 온도변동에 의한 영향에 의해 제어성능이 저하되어 버린다.

이에 비해 1차 저항을 추정하고, 보정하는 여러 종류의 방법이 제안되고 있다. 그러나 속도 센서를 사용한 벡터 제어와 비교하면 속도 0에의 근접이나 저속회생 시에 있어서 제어성능이 낮기 때문에 피드 포워드(feed forward) 제어를 응용한 0속도 고(高)토크 제어로 바꾸는 방식이 실용되고 있다. 게다가 고조파전류를 중첩해서 자속을 검출하는 방법, 자속포화를 이용하는 방법 등이 연구되고 있다.

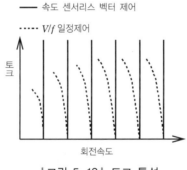

|그림 5-12| 토크 특성

Section 5 범용 인버터의 활용

선풍기, 펌프, 반송기 등의 일반산업에서는 유도 모터를 가변속 구동하는 경우, 범용 인버터를 이용하는 경우가 많다. 범용 인버터는 전원과 유도 모터의 사이에 설치해서 주파수지령에 맞게 속도제어를 행한다. 게다가 시장의 수요에 응하기 위해 여러 가지의 기능이 탑재되어 있다. 또한, 적용분야에 맞게 소형의 기종, 고기능의 기종 등 여러 가지 베리에이션이 준비되고 있다.

용량은 소형 기종으로 수백 W에서 수 kW, 고기능 기종에서는 수백 W에서 수백 kW까지 시리즈화되고 있다. 그리고 전원전압도 단상 100V, 3상 200V, 3상 400V 등 폭넓게 대응하고 있다.

|그림 5-13| 범용 인버터의 외관

❶ 주요 구조

그림 5-14는 범용 인버터의 대표적인 구성이다. 범용 인버터는 주회로, 드라이브 회로, 제어부, 검출부, 전원, 유저 인터페이스로 구성된다. 주회로에는 RST 단자에 접속하는 교류전압을 컨버터로 직류전압으로 변환한다. 그리고 인버터에서 가변주파수 가변전압의 교류전압으로 변환하고 UVW 단자에 접속한 모터를 구동한다.

드라이브 회로에서는 인버터의 스위칭 소자를 스위칭시키기 위해 제어부의 신호를 증폭시키고, 검출부에서는 모터 전류, 직류전압, 핀(fin) 온도 등을 검출한다.

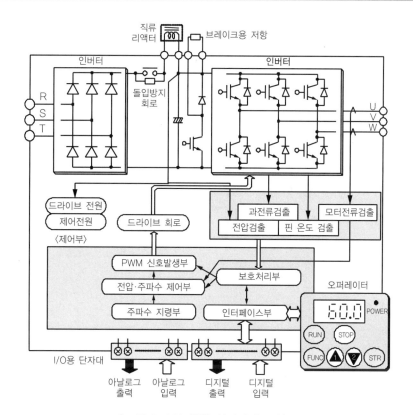

|그림 5-14| 범용 인버터의 구성

제어부에서는 주파수지령을 만들고, 전압이나 주파수를 제어하여 직류를 변류로 변환하는 PWM 신호를 출력하는 것과 함께, 검출부에서의 검출신호에 의한 인버터나 모터의 파손을 방지하기 위해 보호를 행한다.

또한, 드라이브 회로나 제어부에서 필요한 저전압의 전원도 내장하고 있다. 게다가 유저로부터의 지령을 받기 위한 I/O용 단자대나 운전에 필요한 각종 설정을 행하기 위한 오퍼레이터 등의 유저 인터페이스를 갖추었다.

주회로는 전압형 PWM 인버터가 거의 대부분이고, 스위칭 소자로서는 양극 트랜지스터를 대신해 IGBT(Insulated Gate Bipolar Transistor)가 주류로 되어 있다. IGBT는 전압에 의한 소자의 온·오프를 제어하는 전압구동형의 소자이기 때문에 구동에 필요한 전력이 적고, 양극 트랜지스터에 비해 손실이 적다. 이것에 의해 구동회로나 소자의 방열에 필요한 핀을 소형화할 수 있기 때문에 인버터 장치 전체의 대폭적인 소형화가 가능하게 되었다. 또한, 고조파 스위칭이 가능하기 때문에 스위칭 주파수를 수십kHz로 고조파화함으로써 스위칭에 따르는 자기소음을 고조파하여 정음화(靜音化)를 실현하고 있다.

제어방식은 V/f 일정제어가 일반적이지만 고기능 기종을 중심으로 속도 센서리스 벡터 제어를 탑재한 기종도 증가하고 있다. 속도 센서리스 벡터 제어를 탑재한 기종에는 0.5Hz의 저속에 있어서 200% 이상의 토크를 발생하는 기종도 있고, 인버터화에 의한 문제점 중 하나였던 시동 토크의 부족이 문제가 되는 일이 적어졌다.

또한, 지금까지 속도 센서리스 벡터 제어에서는 유도 모터의 상세한 특성이 필요했기 때문에 특성을 알 수 없는 모터와 조합시키는 경우 어려운 조정이 필요했다.

이에 대해 최근 기종에서는 설치 시 특수한 운전 모드를 행하는 범용 인버터 자체가 유도 모터의 특성을 자동적으로 측정하는 오토튜닝 기능을 탑재하고 있으므로 간단하게 고성능의 제어를 이루어내는 것이 가능하다.

게다가 높은 제어성능이 요구되는 분야에 있어서는 속도 센서 부착 벡터 제어 전용기나 옵션으로 속도 센서 신호를 취하는 기종도 있다.

 2 기능[2)]

범용 인버터에 탑재되는 기능은 다양하기 때문에, 여기서는 주요 기능이나 새로운 기능에 대해서 설명한다.

전압과 주파수의 관계를 결정하는 V/f 패턴에는 유도 모터의 정격에 맞춰서 전압과 주파수의 비를 설정하며, 보통 전압과 주파수의 비가 일정하도록 제어된다. 그러나 펌프나 팬 등의 유체를 다루는 부하의 경우, 토크가 회전수의 2승에 비례하기 때문에 저속에서는 그림 5-15처럼 전압을 낮추는 저감 토크 특성을 이용함으로써 소비전력을 저감하는 것이 가능하다.

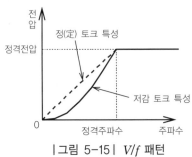

|그림 5-15| V/f 패턴

그리고 운전 중에 자동적으로 소비전력이 최소로 되게 하는 제어를 탑재하는 기종도 있다.

유량제어 등을 행하는 경우 PID 기능을 탑재한 기종이 편리하다. PID 기능으로는 그림 5-16에 나타낸 것처럼 유량 센서의 검출값에 따라 펌프를 구동하는 유도 모터의 주파수를 제어함으로써 유량을 설정값처럼 간단하게 제어한다.

또한, 연속운동을 하는 경우 예측하지 못한 정전이 발생할 때 복전(復電) 후에 회전하는 유도 모터의 회전속도를 검출하여 매끄럽게 재시동하는 순간정지 재기동의 기능도 있다.

한편, 외부와의 인터페이스로서는 제어용의 입·출력 단자를 갖춤으로써 각 단자의 기능은 설정에 의해 자유롭게 할당할 수 있다. 또, 근년의 FA화에 대응하기 위해 DeviceNet이나 ProfiBus 등의 필드 넷워크에 접속 가능한 기종도 늘고 있다.

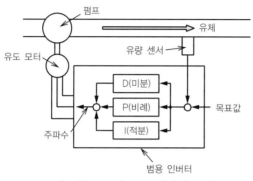

| 그림 5-16 | PID 제어의 구성

Section 6 인버터 노이즈

인버터에 관계하는 노이즈로서는 전원 라인을 끼고 전반(傳搬)하는 전도 노이즈, 공간을 전자파로서 전반하는 방사 노이즈, 그리고 전자유도나 정전유도에 의한 유도 노이즈가 있다. 인버터는 상용전원을 정류기로써 직류로 변환하고, IGBT 등의 반도체소자에 의해 고조파 스위칭을 행함으로써 교류로 변환한다. 노이즈가 발생하는 것은 스위칭 동작을 할 때이다. 인버터에 대해서는 밖에서의 노이즈에 의해 오작동하지 않는 것, 즉 면역력도 중요하지만 많은 경우에 인버터에서 발생하는 노이즈가 다른 기구의 오작동을 일으키는 방사가 문제가 된다.

노이즈에 의해 문제가 발생한 경우, 노이즈의 종류, 발생원이나 장해의 크기에 따라 대책방법이 달라지므로 상황에 맞는 대책이 필요해진다. 각 노이즈에 대한 대책을 다음에 기술하였다.

(1) 방사 노이즈

방사 노이즈는 주파수가 높은 성분이 원인이 되기 때문에 인버터의 입·출력에 포함된 고조파 성분을 차단하는 영상(零相) 리액터나 노이즈 필터가 효과적이다. 또한, 실드 효과가 있는 기판에 수납하거나 배선에 금속관을 사용하는 것도 유효하다.

(2) 전도 노이즈

전도 노이즈는 인버터의 전원선을 통해 전반하기 때문에 입력측에 노이즈 필터를 삽입하거나 영상 리액터를 삽입함으로써 억제할 수 있다. 또한, 전원과의 사이에 절연변압기를 넣는 것도 효과가 있다.

(3) 유도 노이즈

노이즈를 받는 신호선에 근접하는 배선에 노이즈 필터나 출력측에 있다면 LCR 필터를 넣으면 효과가 있다. 또한, 인버터 배선과 신호선이 근접하는 것을 막기 위해 동일한 배관이나 덕트에 수납하는 것을 피함과 동시에 배선이 교차하는 경우에는 서로 직교하는 형태의 배치를 하는 것이 바람직하다. 그리고 신호선과 그랜드선이나 전원선들처럼 케이블에 흐르는 전류의 총화가 0이 되는 전선속(電線束)을 트위스트하는 것도 효과가 있다.

또, 이미 설명한 것처럼 인버터의 스위칭 동작이 원인이 되어 노이즈가 발생하기 때문에, 인버터의 스위칭 주파수(캐리어 주파수)를 낮춤으로써 노이즈의 발생량을 억제할 수 있다. 그러나 스위칭 주파수를 낮추면 모터에서 발생하는 자기음(磁氣音)은 주파수가 낮아지고, 소음도 커져 버린다.

유럽에서 유통하는 제품에 필요한 CE 마킹을 취득하기 위해서는 전도 노이즈와 방사 노이즈를 규정한 EMC 지령에 적합하도록 적용시키는 것이 필요하다. 유럽에 수출하는 제품에 범용 인버터를 사용하는 경우는 미리 CE 마킹에 적합한 제품을 선택하면 좋다. 그럴 때 국내용의 제품에는 CE 마킹이 없는 제품이더라도 적합한 제품을 준비하는 경우도 있기 때문에, 메이커에 맞추게 하면 좋다.

이 외에 전원전류에 포함된 고조파성분인 전원고조파도 문제가 된다. 전원고조파는 전원설비에 대해서 영향을 주는 것이기 때문에, 자원 에너지청에서 가이드라인을 발행하고 있다. 전원고조파를 저감하는 방법으로는, 교류 리액터나 직류 리액터를 설치하거나 다이오드 정류기 대신에 스위칭 소자를 사용한 사인파 컨버터를 사용하는 것 등이 있다. 단, 직류 리액터를 설치하기 위해서는 인버터가 접속용의 단자를 준비하고 있을 필요가 있다. 최근의 범용 인버터는 대응하고 있는 기종이 거의 대부분이지만, 가이드라인이 발행되기 전에 발매된 기종에서는 접속되지 않는 경우가 있으므로 주의가 필요하다. 또한, 전원에 흐르는 고조파전류를 소멸시키는 전류를 흐르게 함으로써 전원고조파를 억제하는 액티브 필터를 이용해 억제하는 것도 가능하다.

그림 5-17에 노이즈 대책기구와 노이즈의 종류를 정리하였다.

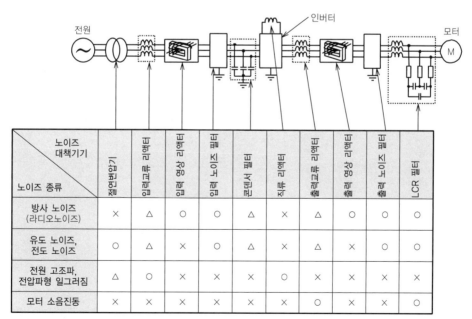

노이즈 대책기기 \ 노이즈 종류	절연변압기	입력 전력격류 리액터	입력 전력 영상류 리액터	입력 노이즈 필터	콘덴서 필터	직류 리액터	출력 전력격류 리액터	출력 전력 영상류 리액터	출력 노이즈 필터	LCR 필터
방사 노이즈 (라디오노이즈)	×	△	○	○	△	×	△	○	○	○
유도 노이즈, 전도 노이즈	○	△	×	○	△	×	△	×	○	○
전원 고조파, 전압파형 일그러짐	△	○	×	×	×	○	×	×	×	×
모터 소음진동	×	×	×	×	×	×	○	×	×	○

[주] ○ : 효과 있음, △ : 효과 적음, × : 거의 효과 없음

|그림 5-17| 노이즈 대책기구와 목적[3)

그 외의 모터

06
CHAPTER

모터 구조는 여러 종류가 있고, 그 구동원리에 의해 각각의 특징이 있다. 특히 모터 고유의 특성이 부하의 특성에 가까운 쪽이 모터의 특징을 살릴 수 있다. 이 때문에 모터의 선정에는 부하가 필요해지는 특성을 만족할 수 있는 것이 전제가 된다. 최근에는 인버터 제어기술의 발달로 부하특성에 적합한 제어가 가능해지고, 새로운 선택항목으로서 모터 효율, 저소음, 저코스트 및 제품에 적합하게 만드는 구조의 전용 모터가 중요시 되는 경향이 있다.

이 장에서는 이미 다루었던 것 이외의 모터의 원리·구성·특징 및 적용상의 유의점 등에 대해서 서술한다.

Section 1 브러시 부착 직류 모터(영구자석계자)

직류 모터(자석계자)는 플레밍의 왼손 법칙으로 구동하는 기본적인 모터이며, 오래전부터 산업용의 가변속 모터로 널리 사용되어 왔다. 특히 차량용, 압연기용, 공작기용, 서보모터 및 정보기기용 모터로서 제작되어 왔지만, 현재는 인버터의 발달로 중·소형의 직류 모터를 대신해서 유도 모터, 동기 모터가 사용되고 있다.

그러나 비교적 저전압에서 구동되는 소형 서보모터, OA, 정보기기 및 자동차 전장용(電裝用) 등의 모터에서는 현재도 직류 모터가 다수 사용되고 있다. 직류 모터의 계자극은 당초 계자권선을 설비해서 여자전류를 흐르게 함으로써 주자속을 발생시키고 있었지만, 영구자석재의 고성능화에 의해 계자극에 영구자석이 사용되어 여자손실이 없는 고효율화와 소형 경량화가 도모되고 있다.

1 직류 모터의 원리와 구성

직류 모터의 구동원리는 그림 6-1과 같이 영구자석 N, S의 자계 안의 자속밀도 B와 1개의 도체 유효길이 l에 걸쳐 전류 I를 흐르게 하면 도체에는 다음 같은 식의 전자력 F가 발생된다.

$$F = B \times I \times l \,[\text{N}] \tag{6-1}$$

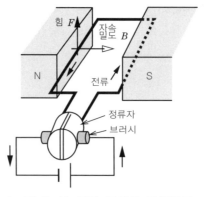

|그림 6-1| 직류 모터의 구동원리

이것에 의해 1코일(2개 도체)의 전기자 중심으로부터 도체위치까지의 거리를 $D/2$라고 하면, 토크(회전력) T는 다음과 같은 식이 된다.

$$T = 2 \times F(D/2) \ [\text{N·m}] \tag{6-2}$$

그러므로 전기자의 전도체 수를 Z, 전기자 권선의 병렬회로수를 $2a$, 극수를 $2P$, 계자극에서의 자속량을 $\varPhi$라고 나타내면 발생하는 토크 τ는 다음과 같은 식으로 표현된다.

$$\tau = (Z/2a)(P\varPhi/\pi)I \ [\text{N·m}] \tag{6-3}$$

직류 모터의 발생 토크는 영구자석계자의 자속량과 모터 전류의 곱에 비례하지만, 계자자속량은 사용하는 영구자석재에 좌우된다. 또한, 영구자석재는 주로 페라이트 자석과 네오딤 자석이 사용되고 있다.

그림 6-2에 직류 모터의 구성을 표현하였다. 계자(고정자)와 전기자(회전자) 및 정류자와 브러시로 구성되며, 계자는 영구자석으로 모터의 내부에 자속을 발생시키고, 전기자의 권선에는 브러시 및 정류자를 통해서 전류를 공급한다. 정류자는 브러시를 통해서 공급되는 전류를 차례로 바꾸어 전기자를 연속적으로 회전하게 하기 위한 구동력을 발생시키는 것이다.[1]

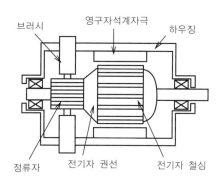

브러시　　　　영구자석계자극　　　하우징

정류자　　　전기자 권선　　　전기자 철심

|그림 6-2| 직류 모터의 구성

② 직류 모터의 구성에 의한 종류

직류 모터는 용도에 적합한 각종 전기자구조가 있다.

(1) 슬롯(slot) 있는 철심 모터
전기자 철심의 외주에 슬롯을 설치하고 슬롯 내에 전기자 권선을 삽입해서 회전자로 한다.

(2) 슬롯(slot) 없는 무철심의 모터
전기자 철심 외주가 평활(슬롯 없음), 혹은 계자자석과 철제의 모터 케이스로 자기회로를 구성하고, 전기자 권선은 정류자와 축을 일체화하여 회전자로 한다.

또한, 무철심 모터는 회전자의 질량을 가볍게 하므로 저관성(低慣性)이고, 기계적·전기적 시상수(時常數)가 작으며, 권선의 인덕턴스가 작다. 그 때문에 정류(整流) 때 불꽃을 작게 하는 것이 가능하므로, 고정도(高精度)를 요구하는 각종 소형 기기로부터 시작해서 폭넓은 용도로 사용되고 있다. 그림 6-3은 실제로 사용되고 있는 2극 직류 모터의 분해사진이고, 그림 6-4는 직류 모터의 외관이다.

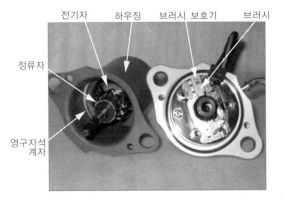

전기자 하우징 브러시 보호기 브러시

정류자

영구자석
계자

|그림 6-3| 직류 모터의 내부

|그림 6-4| 직류 모터의 외관

3 브러시와 정류자

직류 모터는 브러시와 정류자가 기계적인 접동접촉을 하면서 회전자의 도체에 전류를 흐르게 한다. 특히 정류자의 회전에 따르는 변형 및 정류자편의 요철발생은 브러시의 양호한 접동접촉을 유지할 수 없게 만들기 때문에, 정류자 재료와 브러시 재료는 환경, 사용온도를 고려해서 선정할 필요가 있다. 일반적으로 브러시 재료는 모터의 사용전압으로 나뉘며, 24V 이하는 탄소(carbon)분과 동분(銅粉)으로 구성된 금속흑연질 브러시가 채용되고, 50V 이상은 흑연질 브러시가 사용된다. 또한, 정류자 재료는 정류자편을 동재(銅材), 혹은 동재에 은을 첨가하여 내열성을 향상시킨 은 넣은 은동합금(銀銅合金)으로 구성하고, 수지(樹脂)로 일체화시키는 구성이 주류이다. 이 때문에 수지의 내열성도 큰 쪽이 바람직하다.[2]

4 일반적 유의점

직류 모터는 브러시와 정류자와의 접동접촉으로 전기자 권선에 전류를 흐르게 해 토크를 발생시키므로, 브러시와 정류자에 관한 문제가 많다. 모터 설계상 브러시로부터의 불꽃발생을 최대한 제어하기 위하여 전기자 권선의 정류 코일 인덕턴스를 작게 하고, 그 모터에 적절한 브러시 재료의 선정이 중요하다.

Section 2 교류정류자 모터

교류정류자 모터는 다른 교류 모터에 비해 모터 인가전압의 크기를 바꿈으로써 회전수를 용이하게 억제할 수 있다. 이 때문에 3,000rpm 이상의 고속회전용 모터로서 가전기구용, 전동공구용 등에 널리 사용되고 있다.

교류정류자 모터의 구성은 교류·직류 양용 모터이기 때문에 유니버설 모터로도 부르고 있으며, 주로 단상(單相)의 교류 모터로 사용되고 있다.

1 교류정류자 모터의 원리와 구성

그림 6-5는 교류정류자 모터의 구성이다. 단상 교류전원으로 고속회전 모터로서 사용하는 것이기 때문에 고정자는 적층(積層)한 고정자 철심으로 하고, 자극수로서 2극이 주류이다. 계자극에 감긴 계자권선에는 교류전류가 흐르고 교번(交番)된 자속을 발생시킨다.

회전자는 직류 모터와 같은 양상으로 슬롯 부착 전기자 철심의 슬롯 내에 전기자 권선을 권장(券裝)하고, 계자권선과 전기자 권선은 브러시와 정류자를 끼워서 직렬로 접속된다. 이 때문에 계자권선, 전기자 권선 모두 동상(同相)으로 동일한 교류전류가 흐르고, 항상 일정방향으로 회전하는 토크를 발생시키는 것이 가능하다.

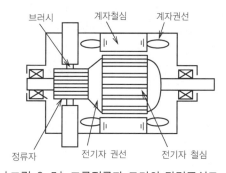

| 그림 6-5 | 교류정류자 모터의 단면구성도

여기서, 극수(極數)를 $2P$, 전기자 권선의 병렬회로수를 $2a$, 전도체수를 Z, 전기자전류를 $I_a = I_m \cdot \sin \omega t$, 계자자속 ϕ를 $\phi = \Phi_m \sin \omega t$로 할 때 발생 토크는 다음 같은 식으로 나타난다.

$$\tau = (P/2\pi a)Z \times \Phi_m \times I_m \times \sin^2 \omega t$$
$$= (P/4\pi a)Z \times \Phi_m \times I_m(1 - \cos 2\omega t) \; [\text{N·m}] \tag{6-4}$$

식 6-4로부터 모터의 평균 토크로서 $(2P/4\pi a) \times Z \times \Phi_m \times I_m$이 되며, 토크는 전원주파수의 2배의 주파수로 변화한다. 이 때문에 모터의 토크 맥동 주파수성분은 기본파의 2배 주파수로 발생하지만, 전원주파수가 50~60Hz인 정도로는 특별히 큰 문제는 없다.

이 모터의 장점은 계자권선을 흐르는 전류가 작으면 자속량이 작고, 전류가 크면 자기회로의 자기포화의 영향이 있어도 토크를 크게 하는 것이 가능하기 때문에, 부하가 가벼운 경우에는 회전수가 높고 저토크가 되고, 부하가 큰 경우는 자속량이 증가하기 때문에 회전수가 낮아지고, 고토크가 된다. 즉, 유체부하, 전동공구용 모터로서 적절하다고 할 수 있다. 또한, 교류정류자 모터의 계자권선 및 전기자 권선은 자동 권선기를 사용하기 때문에 극수는 2극, 전기자의 슬롯 수는 8~24, 모터 출력이 20~1,000W, 회전속도가 2,000~43,000rpm의 범위에서 사용되고 있다.[3] 그리고 회전속도제어는 그림 6-6처럼 트라이액(TRIAC)에 의한 위상 제어에서 모터 인가전압을 가변해서 행한다. 그림 6-7은 전기청소기용 모터의 부분절단 사진과 핸드드릴(전동공구)의 분해부분 절단도이다.

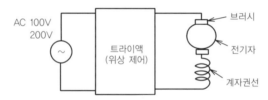

|그림 6-6| 교류정류자 모터의 회전속도 제어회로

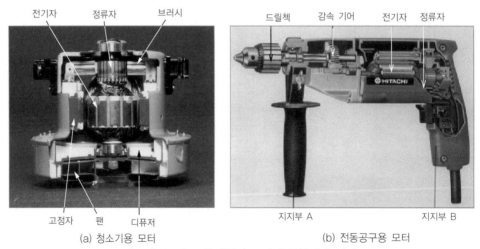

(a) 청소기용 모터 　　　　　 (b) 전동공구용 모터

|그림 6-7| 교류정류자 모터의 부분절단 외관

② 브러시와 정류자

교류정류자 모터의 정류자는 직류 모터와 동일하지만, 전원전압이 단상(單相)의 100V, 200V로 사용되기 때문에 직류 모터에 비해 고전압·소전류로 사용된다. 이 때문에 정류자편간에 접속된 전기자 권선의 권수가 많아지고, 정류 코일의 인덕턴스도 크게 되어 브러시에서 불꽃이 발생하기 쉬워지게 된다. 또한, 계자권선에는 교류전류가 흐르기 때문에 브러시에서 단락되어 있는 전기자 권선에는 변압기작용으로 변압기 기전력이 발생하고, 이 전압이 크면 브러시로부터의 불꽃발생의 원인이 된다.

일반적으로 전기흑연질 브러시의 불꽃 한계전압은 약 3.2V라고 알려져 있다. 브러시 불꽃발생을 억제하기 위해서는 브러시 재료로서 흑연계 브러시 중에서도 브러시의 고유저항을 크게 한 수지결합질 브러시나 탄소흑연질 브러시 등이 사용되고 있다. 양 브러시 모두 브러시 자체의 고유저항이 크기(약 $30,000\mu\Omega\cdot cm$ 이상) 때문에 브러시를 끼우고 정류자편간에 접속된 권선에 흐르는 단락전류를 작게 할 수 있다.

또 수지결합질 브러시의 경우 브러시 자체의 온도 상승으로 수지가 연화(軟化)하기 때문에 고속회전 시에도 접동접촉의 안정화가 가능한 특별한 장점을 가지지만, 브러시 온도상승을 감안해서 선정할 필요가 있다.[1), 4)]

③ 일반적인 유의점

교류정류자 모터의 브러시 불꽃은 교류전류의 최댓값에 가까울 때 발생하는 성분과 전류변화 시에 발생하는 변압기 기전력성분으로부터 이루어진다. 전원전압이 100V로 운전되는 기종은 전자의 성분에 의한 영향이 크고, 200V로 운전되는 기종은 양자의 성분의 영향으로 불꽃이 발생하고 있다. 이 때문에 100V용과 200V용은 브러시재(材)의 비저항이 다른 경우가 많고, 브러시재의 선정은 소요 브러시 수명을 달성할 수 있는 정도로 할 필요가 있다.[5)]

Section 3 스테핑 모터

스테핑 모터(stepping motor)는 펄스 모터(pulse motor), 스테퍼 모터(stepper motor), 스텝 모터(step motor)라고도 불리우고 있는 모터로, 오래전부터 보진(步進)전동기, 계동(階動)전동기라고 불리던 모터이다. 이 모터는 전류가 흐르는 구동 코일이 변환할 때마다 회전자가 일정한 각도로 회전하도록 만들어졌다.

전환의 타이밍은 제어회로에서의 펄스 신호로 지시되고, 전환순서로써 회전방향을, 전환누적 횟수로써 모터의 회전각을, 전환속도로써 회전속도를 제어할 수 있는 것이 최대의 특징이다. 이 모터는 속도제어나 위치결정제어를 행하게 하는 용도로서, 프린터나 팩시밀리 등의 OA 기구용 모터로 많이 사용되고 있다.

1 스테핑 모터의 원리와 구성

스테핑 모터를 운전하기 위해서는 모터의 여자 코일에 흐르는 전류를 전환하기 위한 구동회로와 모터의 가·감속 제어나 위치결정제어를 지시하는 제어회로가 필요하고, 이 제어회로에는 마이크로컴퓨터가 많이 사용되고 있다.

스테핑 모터의 동작원리는 고정자와 회전자의 톱니 사이에 작용하는 자기력으로 회전력을 얻도록 구성된다. 여기서, 권선의 인덕턴스를 L, 권선의 전류를 I라고 하면, 자기 에너지 W_m과 모터의 토크 τ는 다음과 같은 식으로 나타낸다.

$$W_m = \frac{1}{2} LI^2 \, [\text{J}] \tag{6-5}$$

$$\tau = dW_m/d\theta = \frac{1}{2} I^2 dL(\theta)/d\theta \, [\text{N}\cdot\text{m}] \tag{6-6}$$

스테핑 모터의 구성은 토크 발생의 동작원리에 의해 다음과 같은 3종류로 나뉜다.[6]

(1) 가변 릴럭턴스형(variable reluctance type) 스테핑 모터
그림 6-8에서 가변 릴럭턴스형의 원리구성도를 나타내었다.

고정자의 톱니수와 회전자의 톱니수를 달리하여 고정자 톱니에는 A, B, C 3조의 코일을 설치하고(그림에서는 A코일만 표시), A, B, C상과 여자를 전환하여 회전자 톱니에 대해 자기흡인력이 작용하도록 해서 회전한다.

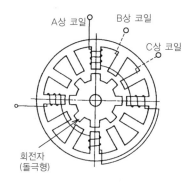

|그림 6-8| 가변 릴럭턴스형 스테핑 모터

(2) 영구자석형(permanent magnet type) 스테핑 모터

그림 6-9에 영구자석형의 원리구성도를 나타내었다.

회전자를 지름방향으로 자화(磁化)된 영구자석으로 구성하고, 무여자(無勵磁)일 때도 유지 토크를 가지며, 고정자의 톱니를 순차 여자함으로써 영구자석의 극성과 톱니의 극성으로 흡인력을 일으켜 회전한다.

기본구성은 영구자석 회전자의 동기 모터와 같은 양상이지만, 가장 많이 생산되고 있는 구성은 발톱형 자극(claw pole)의 모터이다.

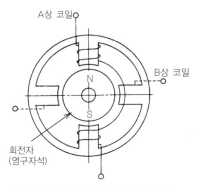

|그림 6-9| PM형 스테핑 모터

(3) 복합형(hybrid type) 스테핑 모터

그림 6-10에 복합형의 원리구성도를 나타내었다.

그림 6-11은 제품의 외관사진이다. 여자극에 복수의 톱니를 설치하고, 회전자의 외주(外周)에도 다수의 톱니를 설치하며, 또한 회전자에는 축방향에 자화된 영구자석을 집어넣은 구성으로, 가변 릴럭턴스형과 영구자석형의 하이브리드 구성으로 되어 있다.

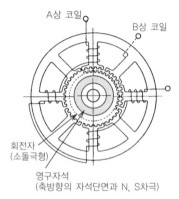

|그림 6-10| 복합형 스테핑 모터

|그림 6-11| 복합형 스테핑 모터의 외관(일본 서보(주) 제공)

2 영구자석재와 철심재

회전자용의 영구자석재는 다극착자(多極着磁)가 필요하다. 당초에는 등방성(等方性) 페라이트 자석이 사용되었지만, 고토크화·고출력화 수요로 방사성(放射性) 이방성(異方性) 페라이트 자석, 네오딤 자석이 개발되었다. 최근에는 가격도 고려한 생산성 높은 사출성형(射出成形), 압축성형으로 원통형 자석을 제조할 수 있는 본드(bond) 자석의 이용이 급증하고 있다. 또 요크는 다수의 발톱형의 자극을 찍어내고, 굽히고, 조이는 등 프레스 가공으로 만들어져, 투자율이 큰 전자연철판에 니켈을 도금해서 사용하고 있다. 그러나 최근에는 Fe-Cr 합금을 이용하여 고(高)펄스레이트로 운전이나 고효율운전을 가능하게 하고 있다.

3 일반적인 유의점

스테핑 모터는 가격의 저감과 함께, 저소음화·저진동화 및 높은 효율의 운전특성이 요구된다. 제어의 고성능화로서 DSP(Digital Signal Processor)를 이용하고, 모터의 구동전류의 정밀한 제어에 의해 저진동화·저소음화도 도모하게 되고, 서보모터의 이용분야 확대 가능성도 있다.

Section 4 스위치드 릴럭턴스 모터

스위치드 릴럭턴스 모터(switched reluctance motor)는 릴럭턴스 토크(2장 9절)만을 이용한 모터로, 돌극 동기 모터의 일종이다. 릴럭턴스 토크만을 이용한 모터에는 스위치드 릴럭턴스 모터(이하 SRM)와 싱크로너스 릴럭턴스 모터(SyRM, 본장 5절 참조)가 있으며, 여기서는 SRM에 대해서 설명한다. SRM은 해석, 제어기술의 진보로 발달되어, 세탁기용 및 펌프용 모터로서 일부 제품화되고 있다.

1 원리와 구성

SRM은 그림 6-12에 나타낸 구성처럼 회전자와 고정자 각각이 돌극성을 가지고, 고정자의 돌자극부(티스)에는 고정자 권선이 집중권되어 있다. 회전력이 발생하는 기본적인 원리는 회전자의 돌극부가 고정자의 돌자극부에 가까워지면 그 자극의 권선에 전류를 흐르게 하여 전자석으로 하여 자기흡인력을 일으키게 하는 구성이다.

즉, 회전자의 위치에 의해 고정자 권선의 자기 인덕턴스가 최솟값에서 최댓값까지 변화하는 것을 이용해서 토크를 발생시킨다. 자기회로의 포화현상이 없다고 가정하면 권선의 전류를 I로 할 때의 발생 토크 τ는 다음과 같다.

$$\tau = \frac{1}{2}I^2\frac{\partial L(\theta)}{\partial\theta}\ [\text{N}\cdot\text{m}] \tag{6-7}$$

고정자 권선법에는 집중권 이외에 전절권(全節卷)도 있다. 전절권의 경우는 회전자 위치에서 변화하는 것은 상호 인덕턴스이며, 이것을 이용해서 토크를 발생시킨다.[7], [8]

SRM은 권선을 여자하여 자속을 발생시키기 때문에 간극 길이가 작으면 권선의 여자기자력을 작게 할 수 있다. 이 때문에 종래의 모터에 비해 간극 길이를 작게 설정한다. 또 고정자와 회전자의 돌부(突部)의 위치관계로 발생하는 힘이 급격하게 변화하기 때문에 종래의 자로가정법(磁路假定法)의 자기회로 계산으로는 정밀도 높은 계산이 될 수 없다.

이 때문에 유한요소법(有限要素法)에 의한 자계해석기술을 이용해 자기회로의 포화를 고려하고, 회전자를 정지 혹은 회전시킨 자계해석에 의해 회전자위치에 대한 토크 변화를 구하는 해석이 행해지고 있다. 그 결과, 자속의 흐름이 분명해지고 형상의 최적설계, 특성개선이 가능해진다.

또 SRM은 동작원리부터 반경방향에의 고정자의 자기흡인·반발력에 의한 고정자 진동이 발생되기 쉽고, 소음이 큰 경향이 있다. 이 때문에 극의 폭을 좁게 해서 극수를 증가시키고, 발생하는 가진력(加振力)을 역위상으로 해서 소멸시키며 돌극부 형상의 최적화 등이 검토되고 있다. SRM의 운전은 위치 센서에서의 위치정보를 얻고, 고정자 권선에 전류를 흐르게 함으로써 회전자의 돌부를 흡인해서 회전력을 발생시키고 있다. 최근에는 위치 센서리스 운전방식으로써 회전자위치에서 고정자 권선의 인덕턴스 값의 변화에 의한 전류구배(勾配)의 극성이 변하는 것을 이용해 위치정보를 얻는 방법이나 3상 권선의 중성점 위치에서 나타나는 3차 고조파로부터 위치정보를 얻는 등의 방법도 제안되고 있다.

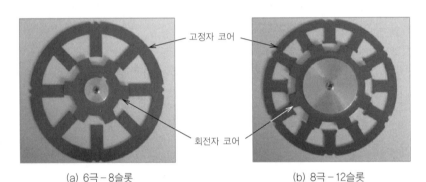

(a) 6극 – 8슬롯   (b) 8극 – 12슬롯

|그림 6-12| SRM의 고정자와 회전자 코어 형상의 일례

2 응용사례

SRM이 실제 제품에 적용되고 있는 것은 구미에서는 세탁기용 모터로서 진동·소음을 저감하기 위해 자기회로의 자속밀도를 낮게 설정하고 있다. 일본에서는 유압 펌프용 모터로 제품화되고 있다.

그림 6-13과 그림 6-14는 6극 회전자–8슬롯 고정자 SRM의 일례이다.

(a) 6극 회전자   (b) 8슬롯 고정자   (c) SRM 모터의 외관

|그림 6-13| 6극 – 8슬롯 고정자 SRM의 일례 Ⅰ

고정자

회전자

|그림 6-14| 6극-8슬롯 고정자 SRM의 일례 Ⅱ

Section 5 싱크로너스 릴럭턴스 모터

싱크로너스 릴럭턴스 모터는 릴럭턴스 토크(2장 9절)를 이용한 모터로, 동기 모터의 일종이다. 릴럭턴스 토크만을 이용한 릴럭턴스 모터에는 스위치드 릴럭턴스 모터(SRM, 본장 4절 참조)와 싱크로너스 릴럭턴스 모터(SyRM)가 있다.

여기서는 SyRM에 대해서 서술한다. SyRM은 해석, 제어기술의 진보로 발달하고, 공기압축기용 모터와 공작기용 모터 등으로 제품화되고 있다.

1 원리와 구성

SyRM은 그림 6-15에 나타낸 구성과 같이, 회전자 코어에 슬롯(slot)(플럭스베리어형)을 만들어서 d축과 q축의 인덕턴스 차이를 설정하는 구성을 하고 있다. 또한, SyRM의 고정자는 종래의 3상 모터와 같은 양상으로 3상 분포권의 권선방식을 채용하고 있다.[9, 10]

SyRM도 발생 토크의 전부가 자기 인덕턴스와 상호 인덕턴스의 변화에 기인한 릴럭턴스 토크가 된다. 자기회로의 포화현상이 없다고 가정하면 극대수(極對數)를 P_n으로 한 경우 SyRM의 발생 토크 τ는 다음과 같다.

$$\tau = P_n(L_d - L_q)i_d \cdot i_q \ [\text{N} \cdot \text{m}] \tag{6-8}$$

여기서, L_d, L_q : $d \cdot q$축 인덕턴스
i_d, i_q : $d \cdot q$축 전류

SyRM은 그 원리구성상 종래의 모터에 비해 간극 길이를 작게 설정하고, 회전자 코어 형상은 보통(그림 6-16과 같이) d축 자속이 통과하기 어렵도록 코어에 공극부(空隙部)를 설치하여 q축 자속은 통과하기 어렵도록 자기회로의 자기저항을 작게 하는 구성이 채용되고 있다. 그래서 종래 자로가정법의 자기회로 계산에서는 정밀도 높은 계산이 불가능했기 때문에 유한요소법에 의한 자계해석기술을 이용한다. 즉, 자기회로의 포화를 고려해 회전자를 회전시킨 동자계해석(動磁界解析)에 의한 슬롯 리플, 소용돌이전류 등을 고려한 해석을 행한다. 그 결과 자속의 흐름이 분명해지고 형상의 최적설계, 특성개선이 가능해진다. 또한, 회전자는 철손실을 저감하기 위해

금형에 의해 코어를 찍어내어 축방향으로 쌓아올린 적층철심구조이다.

또 SyRM은 회전자구성이 $d \cdot q$축의 자기저항에 차이를 만들기 위해 공극부를 만들어 놓지만, 외주(外周)쪽은 원심력으로 코어가 튕겨나가지 않게 하기 위해 브리지로 연결한 코어 형상을 하고 있다. 그러나 브리지의 기계강도가 충분하지 않으면 브리지 부분이 외주쪽으로 삐져나오는 경우가 있다. SyRM은 고정자 권선을 분포권으로 하고 있기 때문에 간극의 기자력분포를 사인파에 가깝게 하는 것이 가능하다.

이 때문에 SRM의 집중권의 돌자극(突磁極)에 비해 반경방향의 고정자의 국부적인 자기흡인력이 큰 곳을 없애는 것이 가능하고, 고정자 및 회전자의 진동·소음이 비교적 작다.

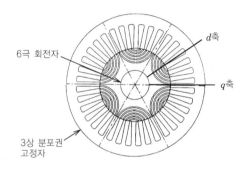

|그림 6-15| SyRM의 구성(6극 회전자)

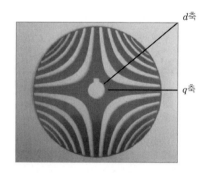

|그림 6-16| 회전자 코어 형태의 일례(4극 회전자)

② 응용사례

SyRM이 실제 제품에 적용되고 있는 것은 공작기계용의 모터 및 공기압축기용의 모터로서, 두 쪽 모두 인버터는 위치 센서 부착 180° 통전 사인파 인버터로 운전시켜 진동·소음을 극력 저감하도록 하고 있다.

Memo

모터의
시뮬레이션

07
CHAPTER

모터를 설계하는 경우 예전에는 자기회로 모델에 의한 근사계산에 기초했으나, 근년에는 컴퓨터 기술 발달에 의해 수치 시뮬레이션에 의한 자계해석은 필수항목이 되었다.

최근에는 복잡한 구조의 대규모 3차원 자계해석도 비교적 손쉽게 실시할 수 있게 되었고 전자장과 외부회로·회전운동을 동시에 푸는 연관해석기술도 실용화 단계에 오르고 있다.

이 장에서는 자기회로 모델에 의한 근사계산 및 모터의 설계에서 빠져서는 안 될 자계해석의 수치 시뮬레이션으로서의 유한요소법에 의한 수치해석에 대해 설명한다.

Section 1 모터의 특성해석

모터의 설계개발에 있어서는 모터에서 사용하는 자성재(磁性材)나 영구자석의 자기특성을 충분히 파악해 둘 필요가 있다. 오늘날에는 유한요소법에 대표되는 수치 시뮬레이션 기술이 일상적인 설계해석도구로 되어 있지만, 아직 컴퓨터가 발달하지 않았던 때에는 모터의 근사적 자기회로를 조립해서 대강의 특성을 파악하는 정도로 그쳤었다. 또한, 자기포화로 대표되는 자성재의 비선형성(非線形性)도 고려되지 않았다.

여기서, 자기회로란 전류의 흐름을 지배하는 전기회로임과 아울러 자속의 흐름을 지배하는 식을 회로처럼 보게 만든 것이다.

표 7-1에 자기회로와 전기회로의 비교를 나타내었다.

|표 7-1| 자기회로와 전기회로의 비교

자기회로		전기회로	
자속[Wb]	Φ	전류[A]	I
기자력[A]	NI	기전력[V]	e
자기저항[A/Wb] (릴럭턴스)	$R_m = NI/\Phi = l/\mu S$	전기저항[Ω]	$R = e/I = l/o S$
퍼미언스[H]	$P = l/R_m = \mu S/l$	컨덕턴스[S]	$G = l/R = o S/l$

[주] N : 코일 권수, I : 코일 전류, μ : 투자율, l : 자로길이(도체길이), S : 자로단면적(도체단면적), o : 도전율

전기회로의 경우 전기절연물은 도전성 물질에 대해 15자릿수(桁) 이상이나 저항이 높아지기 때문에 전기절연물에는 전기가 흐르지 않는다고 생각해도 좋지만, 자기회로의 경우는 자성체는 공기나 비자성재에 대해서 투자율(透磁率)이 거의 4~5자릿수 달라지는 정도로서 공기나 비자성재에서는 자속이 전혀 통하지 않는다는 모델은 있을 수 없는 것이다. 그렇기 때문에 자기회로에서는 자속이 여러 경로를 통하는 것이고, 병렬의 자로가 많이 발생한다. 그러므로 자기저항으로 의론하는 것보다 자속이 통하기 쉬움을 표현하고, 자기저항의 역수인 퍼미언스(permeance)로 자기회로를 표현하는 것이 좋은 경우가 많다.

　이와 같이 모터의 대강의 계획이나 대강의 특성을 파악한다는 점에서 자기회로 해석은 유효한 수단이며, 또한 근사적이라고는 해도 모터의 특성이 식으로 명확하게 하기 위해 설계를 어떻게 하는 것이 좋을까라는 전체적인 파악에 큰 역할을 한다. 그러나 오늘날과 같이 모터의 에너지 절약화가 강하게 요구될 때 보다 운전효율이 높은 것을 개발하기 위해서는 모터 구조의 상세한 최적화 설계가 불가결하게 되고, 고속·고정밀도(高速高精密度)의 모터 해석기술은 오늘날의 모터 개발에 있어서 필수요건이 되었다.

　모터의 특성을 상세하게 해석하기 위한 수치 시뮬레이션 수법으로는 유한요소법[1]이 일반적이다. 유한요소법에서는 해석공간 전체를 세밀한 요소로 분할한다. 흔히 이것을 요소분할이나 메시 분할, 혹은 메시 작성이라 부르며, 완성된 요소의 집합을 메시(mesh)라고 부르고 있다. 각각의 요소마다 구하는 장(場)에 관한 미지변수를 배치하고, 주어진 방정식과 경계조건을 기본으로 이들 미지변수를 구한다.

　유한요소법은 복잡한 모터 구조에서도 유연하게 대응할 수 있고, 소비 메모리나 계산시간의 관점에서도 다른 방법보다 낫다. 사용하는 재질의 소성(素性)(투자율, BH 커브, 도전율 등)이 명확하고, 이것들을 해석 모델에 충실하게 포함시킨다면 제법 실측에 가까운 수치해석 결과를 얻을 수가 있다.

　축방향으로 긴 모터에서 회전자와 고정자 간의 간극이 좁은 경우 모터의 여러 특성은 2차원의 자계해석으로 충분한 정밀도가 얻어진다. 보통 모터 설계는 이러한 예가 대부분이지만, 최근에는 모터의 콤팩트화(化)로 얇은 형태의 모터가 등장하게 되어 2차원 해석으로는 충분히 대응할 수 없게 되었다. 또한, 모터 단부(端部)의 누설자장에 기인하는 누설 인덕턴스(표유 인덕턴스)가 특성에 유의한 영향을 주는 경우나 모터 단부에서 회전자와 고정자의 길이가 다른 경우 등에도 3차원 자계해석이 요구된다. 그러나 3차원 해석은 2차원 해석의 수십 배 이상의 계산시간이 필요하고 메시 작성에도 많은 노력을 요하므로, 설계 레벨에서 3차원 해석을 구동하는 것은 쉬운 것이 아니다.

　최근에는 GUI(Graphical User Interface)를 구동해 컴퓨터 화면에서 마우스를 클릭하면서 용이하게 조작할 수 있게 한 프리프로세서 및 포스트프로세서를 포함한 시판 소프트도 시판되고 있다. 또한, 자동 메시 작성기술도 많이 발달해 왔고, 3차원 해석이 착실하게 가까이 다가오고 있다. 해석작업에 있어서는 메시 작성이 반절을 점하고 있다.

　설계대상이 명확하고 각 부의 치수를 빈번하게 변경해서 성능향상을 도모하는 경우, 설계대상에 특화된 전용 메시는 유력하며, 자계해석에 필요한 각종 입력 데이터도 자동 생성하게끔 해둔다면 당연히 원터치에 가까운 상황으로 3차원 자계해석을 실시할 수 있다.

　그림 7-1에서 알터네이터용의 전용 메시에 있어서 입력 파라미터의 예를 나타내었다. 숫자로 나타낸 것처럼 17개 소의 측정법·각도를 설정한다면 순시(瞬時) 3차원 메시를 작성할 수 있으므로 강력한 설계 툴이 된다.

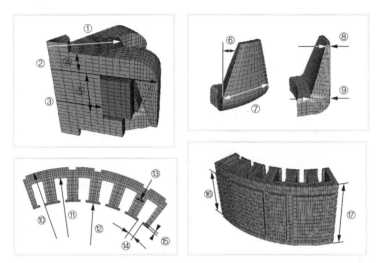

|그림 7-1| 알터네이터 전용 메시

Section 2 자계해석의 기초방정식

자계해석에 관한 기초방정식은 전자계를 기술하는 맥스웰 방정식의 주요부를 이루는

$$\mathrm{rot}H = J + \frac{\partial D}{\partial t} : \text{앙페르의 법칙} \qquad (7\text{-}1)$$

$$\mathrm{rot}E = -\frac{\partial B}{\partial t} : \text{패러데이의 전자유도 법칙} \qquad (7\text{-}2)$$

를 출발점으로 한다. 여기서, H는 자계강도, E는 전계강도, B는 자속밀도, D는 전속밀도, J는 전류밀도를 나타낸 벡터량이다.

모터에 관한 자계해석에는 식 7-1의 우변에 등장하는 변위전류항 $\partial D/\partial t$의 영향은 J의 영향에 비해 무시할 수 있는 정도의 준정적(準靜的)인 장을 취급하기 때문에 식 7-1 대신의 근사식으로서,

$$\mathrm{rot}H = J \qquad (7\text{-}3)$$

를 이용한다. 그리고 자속의 보존법칙인

$$\mathrm{div}B = 0 \qquad (7\text{-}4)$$

이 더해진다. 또한, H와 B 사이에는 구성방정식

$$B = \mu H \qquad (7\text{-}5)$$

가 성립한다. 여기서, μ는 일반적으로는 투자율 텐서(tensor)로 표현되지만, 등방성(等方性) 매질의 경우는 스칼라(scalar)가 된다. 전류밀도 J는 코일 전류밀도 J 및 와전류밀도(渦電流密度) J_e로 구성되어,

$$J = J_0 + J_e \qquad (7\text{-}6)$$

와전류밀도 J_e는 옴의 식에 의해 전계강도 E와

$$J_e = \sigma E \qquad (7\text{-}7)$$

119

의 관계를 가진다. 여기서, σ은 도전율(導電率)이다.

식 7-2~7-7을 이용해 B 및 E를 풀게 되는데, 이 경우 각각 벡터 3성분이 미지수가 되므로, 합계 6개의 미지수를 구할 필요가 있다. 이것에 비해 B 및 E를,

$$B = \mathrm{rot}\, A \tag{7-8}$$

$$E = -\frac{\partial A}{\partial t} - \mathrm{grad}\, \phi \tag{7-9}$$

와 같이 자기 벡터 퍼텐셜 A 및 전기 스칼라 퍼텐셜 ϕ로 표현한다면 미지수는 A의 벡터 3성분 및 ϕ의 계 4개의 미지수로 끝난다. 이것을 $A-\phi$ 법이라고 한다. $A-\phi$ 법은 사용실적도 풍부하기 때문에 모터에 관한 자계해석에 빈번하게 사용되고 있다.

식 7-8은 식 7-4를 자동적으로 만족한다. 또한, 식 7-8, 7-9에 의해 식 7-2도 자동적으로 만족하게 된다. 남은 식 7-3, 7-5, 7-6, 7-7에 의해 A 및 ϕ에 관한 기초방정식

$$\mathrm{rot}(\nu \mathrm{rot}\, A) + \sigma\left(\frac{\partial A}{\partial t} + \mathrm{grad}\, \phi\right) = J_0 \tag{7-10}$$

를 얻는다. 여기서, $\nu = 1/\mu$(자기저항률)이다.

와전류가 현상에 관여하지 않는 정자장을 취급하기 위해서는 식 7-10에 있어서 $\sigma=0$로서,

$$\mathrm{rot}(\nu \mathrm{rot}\, A) = J_0 \tag{7-11}$$

를 이용한다. 미지수는 자기 벡터 퍼텐셜 A만이다.

벡터장 A를 결정하기 위해서는 식 7-8에서 회전의 장을 $\mathrm{rot}\, A$를 규정하는 이외에 발산(發散)의 장 $\mathrm{div}\, A$를 규정할 필요가 있다. 이것이 벡터장 A에 관한 게이지(gauge) 조건이다. 정전장이나 준정전장에 관한 전자기학 이론에서는 정전장과 유도장을 명확하게 분리할 수 있는 쿨롱 게이지 $\mathrm{div} A = 0$가 잘 쓰인다. 수치해석으로 전개하는 경우에는 이 조건을 패널티 함수로서 도입할 수 있지만, 변요소법(7장 3절 참조)에서는 수학상의 자연적인 조건으로서 tree co-tree 게이지가 사용된다.

그러나 ICCG법(불완전 코레스키 공역구배법)으로 대표되는 반복해법에 의한 수치해석에는 게이지 조건을 쓰지 않더라도 해(解)가 구해지고, 또 그쪽이 속히 해가 얻어지기 때문에 최근에는 게이지 조건을 쓰지 않고 푸는 예가 많다. 또한, 게이지 조건을 쓰지 않는 경우 자기 벡터 퍼텐셜의 물리적인 의미가 없어지기 때문에, 얻어진 장(場) A로부터 나오는 교환식

$$A' = -\mathrm{grad}\, \phi \quad (\mathrm{div}\, A' = \mathrm{div}\, A - \Delta\phi = 0)$$

에 의해 근사적으로 쿨롱 게이지를 만족하는 장 A'에 교환하는 것이 가능하다.

식 7-10, 7-11은 편미분방정식이며, 해를 구하기 위해서는 경계조건이 필요하다. 모터 해석에 이용되는 각종 경계조건을 표 7-2에 정리하였다. 표 안의 a_i는 식 7-12(본장 3절)에 등장하

는 변 j에 할당된 미지변수이다. 원방 경계면은 디리클레(Dirichlet) 조건 혹은 노이만(Neumann) 경계조건 중 어느 쪽도 좋지만 일반적으로 디리클레 조건을 맞춘다. 모터는 회전방향으로 주기적인 구조로 되어 있기 때문에 편심(偏芯)이 없다면 주기적인 부분을 취한 부분 모델로 해석이 가능하다.

이 경우 양측 컷(cut)면에는 표 7-2에 나타낸 것 중 하나로 주기경계조건을 맞춘다. 또한, 여기서 서로 대응하는 변은 방향이 동일하다는 전제가 있다. 방향이 반전하고 있는 경우는 부호도 반전시키는 조작을 행할 필요가 있다.

│표 7-2│ 경계조건

경계조건의 종류	내 용
디리클레(Dirichlet) 조건	경계면상에서 $a_j = 0$ (B가 경계면에 평행)
노이만(Neumann) 조건	자연경계로서 a_j에 조건을 부과하지 않는다(B가 경계면에 수직).
주기경계조건	2개의 주기경계면 메시가 일치하며, 상대응(相對應)하는 변에 있어서 a_j가 동일하다.
반주기경계조건	2개의 주기경계면 메시가 일치하며, 상대응 하는 변에 있어서 a_j의 절댓값이 동일하며 부호가 반전된다.
축방향 반전반주기 경계조건	2개의 주기경계면 메시가 회전축방향에 반전해 있고, 상대응하는 변에 있어서 a_j가 동일하다.

Section 3 고속·고정도 해법으로서의 변요소 유한요소법

앞 절에서 설명한 자계해석의 기초방정식을 유한요소법(有限要素法)으로 해석하는 방법을 설명한다.

복잡한 구조의 자계해석에는 소비 메모리나 계산시간의 관점에서 유한요소법이 가장 강력한 수치해석법이다. 게다가 구조해석에서 사용되는 보통의 유한요소법보다도 변요소(邊要素) 유한요소법이 주로 사용되고 있다. 이 수법은 고속(高速)·고정도(高精度)의 자계해석수법으로서, 1980년에 탄생하였고, 1990년대 이래 급속도로 보급되었다.

보통의 유한요소법은 표 7-3에 나타낸 것처럼 스칼라장 및 벡터장의 양방을 메시 분할로 작성한 요소의 각 절점에 배치한다. 이 때문에 이것을 절점요소 유한요소법이라 부른다. 이에 비해 변요소 유한요소법에서는 스칼라장은 각 절점에 배치하는 것에 비해, 벡터장은 각 요소의 변이나 면에 배치한다. 표에 나타낸 것처럼 E, A 등의 단위에 [/m]가 붙는 물리량은 변(邊)에, J 등의 단위에 [/m²]가 붙는 물리량은 면(面)에 배치한다.

| 표 7-3 | 유한요소법에 있어서 스칼라장과 벡터장의 취급

종 류	스칼라장	벡터장
절점요소 유한요소법 (보통의 유한요소법)	ϕ [V]	E [V/m], A [Wb/m] B [Wb/m²], J [A/m²]
변요소 유한요소법	ϕ [V]	E [V/m], A [Wb/m], B [Wb/m²], J [A/m²]

또 해석수법으로는 $A-\phi$ 법이 주류를 이룬다. 자기 벡터 퍼텐셜 $A(r, t)$는 변 j의 벡터 기저함수 $N_j(r)$ 및 변 j에 할당된 미지수 $a_j(t)$를 이용해,

$$A(r, t) = \sum_j a_j(t)N_j(r) \tag{7-12}$$

로 표현한다. 이 식은 각 요소 내부의 점 r에서의 $A(r, t)$를 표현하는 데 그 요소의 변에 배치된 $a_j(t)$를 사용해 내삽한 형태로 되어 있고, 기저함수 $N_j(r)$은 내삽에 이용하는 도구라고 생각하면 된다. 한편, 전기 스칼라 퍼텐셜 $\phi(r, t)$는 절점(節点) k의 스칼라 기저함수 $N_k(r)$ 및 절점 k에 할당된 미지수 $\phi_k(t)$를 이용해,

$$\phi(r, t) = \sum_k \phi_k(t)N_k(r) \tag{7-13}$$

로 표현한다. 와전류(渦電流)가 관여하지 않는 정자장(靜磁場)을 취급하는 경우, 식 7-11에 나타낸 것처럼 기초방정식은 자기 벡터 퍼텐셜 $A(r, t)$만으로 표현된다. 이와 같이 변요소 표현의 자기 벡터 퍼텐셜 $A(r, t)$는 반드시 기초방정식에 등장하기 때문에 변요소 유한요소법이라 불린다.

얻을 수 있는 연립방정식은 $\sum_j a_{ij}x_j = b_i$의 형태의 행렬방정식(行列方程式)을 형성하고 있다. 이 식에 a_j, ϕ_k에 관한 경계조건을 부가해서 풀게 된다. 얻어진 행렬방정식은 비대각성분(非對角成分)에 있어서 비영항(非零項)이 적은 대칭소행렬(對稱疏行列)을 형성하고 있고, 반복해법의 일종인 ICCG법을 이용해 푼다.

변요소 유한요소법에 있어서 게이지 조건은 변에 관해 tree(木)와 co-tree(補木)를 형성하고, tree 성분을 모두 제로(0)로 하는 tree co-tree 게이지를 취하는 것이 가능하다. 여기서, tree란 모든 절점을 이어 폐루프를 형성하지 않고 변의 모임으로 형성된 가지(枝)로서, 남은 변을 co-tree라 부른다. 그림 7-2에 나타낸 것처럼 도체에 있어서는 tree co-tree 게이지는 $\phi = 0$ 게이지와 수학적으로 완전히 등가(等價)이다.

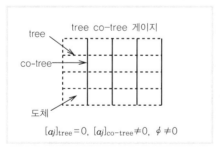
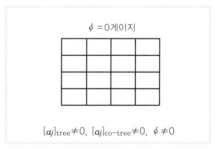

|그림 7-2| 도체에 있어서 tree co-tree 게이지와 $\phi = 0$ 게이지의 등가성

tree co-tree 게이지를 완전하게 부과하면 해(解)를 구하는 것이 극단적으로 늦어지기 때문에 도체 이외는 게이지 프리로 하고, 도체에서만 $\phi = 0$ 게이지를 채용한다. 그러나 $\phi = 0$ 게이지도 부과하지 않고, 완전히 게이지 프리로 하는 쪽이 해(解)를 구하는 데 더욱 빠르게 되기 때문에 최근의 와전류해법(渦電流解法)에서는 A법보다도 $A-\phi$ 법쪽의 사용이 더욱 선호되고 있다.

변요소 유한요소법을 이용하여 방정식 7-10이나 7-11을 풀 경우, 주의하지 않으면 안 되는 것은 장(場)의 발생원인 우변에 포함된 코일 전류밀도 J_0가 전류보존법칙을 어느 정도 엄밀하게

만족하지 않는다면 해(解)는 쉽게 구해지지 않게 된다는 것이다. 극단적인 예로서, 코일 전류를 해석공간 내의 도중에서 절단한 것과 같은 체계로 계산하면 해는 전혀 구해지지 않는다. 이와 같은 경우에는 코일의 절단면을 해석공간의 단부경계(端部境界)까지 가지고 올 필요가 있다. 물론 폐루프 코일에서 이미 전류보존법칙을 만족하고 있다면 문제없이 해는 구해진다. 일반적으로 코일 전류밀도 J_0는 전류 벡터 퍼텐셜 T를 이용해서 $J_0 = \text{rot}\,T$로 하며, $J_0 = \sigma E$ 및 근사적으로 정전계(靜電界)의 식 $\text{rot}\,E = 0$을 이용해,

$$\text{rot}\left(\frac{1}{\sigma}\text{rot}\,T\right) = 0 \tag{7-14}$$

을 푼다. 이 경우, T를 $T = \sum_{j} t_j N_j$와 전개해서 해를 구한다. 코일 영역은 전(全) 해석공간에 비한다면 작기 때문에 코일 전류밀도 J_0을 구하는 데 시간은 걸리지 않는다.

Section 4 간극(갭)에서 메시의 취급방법

모터의 자계해석에서 가장 시간을 필요로 하는 것은 해석공간 전영역의 메시 분할처리이다. 자계해석의 경우, 역학계(力學系)에 있어서의 구조해석과는 다르고, 모터를 형성하는 물체 이외의 공기영역도 메시 분할을 할 필요가 있기 때문에 이야기는 복잡해진다.

회전자와 고정자 사이의 간극인 갭(gap)을 메시 분할할 경우 가장 단순한 방법으로 회전자·고정자 쌍방이 슬립(slip) 면 위에서 회전방향으로 같은 간격으로 메시 분할하는 방법이 있다. 간극에는 자계가 집중되고, 회전자·고정자의 위치관계에서 자계분포가 민감하게 변화하기 때문에 간극 부근에는 치밀한 메시를 펼칠 필요가 있다. 엿가락처럼 회전축 방향으로 같은 구조를 가지는 모터 혹은 이것에 가까운 모터에서는 슬립 면 위에서 회전방향에 같은 간격으로 메시 분할하는 것은 용이하다.

일례로서, 그림 7-3 및 그림 7-4에 스테핑 모터의 예를 나타냈다. 회전방향으로 충분히 세밀하게 메시 분할한다면 메시 분할 스텝마다 회전자를 이동함으로써 모터의 회전특성을 얻는 것이 가능하다(lock-step법).

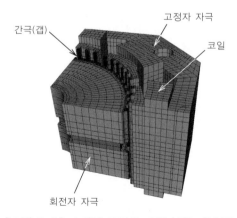

|그림 7-3| 스테핑 모터의 메시 분할도(1/4컷 모델)

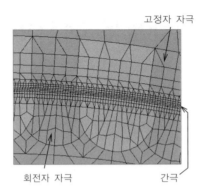

|그림 7-4| 스테핑 모터의 간극(갭) 부분의 메시 분할도

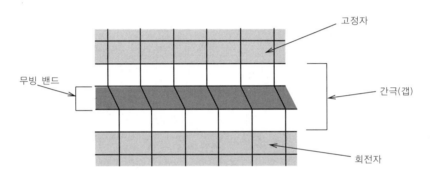

|그림 7-5| 무빙 밴드법에 의한 메시 취급

토크 해석에 있어서 고조파성분을 세세하게 볼 경우, 로크-스텝(lock-step)법에서는 토크 파형이 거칠어지는(성기는) 경우가 자주 있다. 이 경우 회전자를 임의의 회전위치에서 설정하고, 같은 간격으로 나열된 회전자측의 절점과 고정자측의 절점을 경사진 변으로 묶는 수법이 취해질 수 있다(무빙 밴드법). 그 모습을 그림 7-5에 나타냈다.

한편, 그림 7-6에 나타난 알터네이터처럼 회전축 방향으로 구조가 변화해서 순수하게 3차원적인 구조를 가지는 회전기의 경우, 위 방법에서는 슬립 면에 있어서 메시 결합이 곤란하게 된다. 이것을 처리하기 위한 방법이 몇 가지 있다.

슬립 면 위에 가상의 등분할 메시를 펼쳐서 회전자측·고정자측 쌍방에서 집어넣는 방법이나 부절점(浮節点)을 사용하는 방법, 접동요소법(摺動要素法), 간극을 자동요소 분할하는 방법 등이 있다. 마지막 자동요소 분할법 이외의 방법은 회전자 및 고정자가 함께 간극 면상에 있어서 회전축 방향에 관한 메시 분할은 동일구조가 아니면 실용적이지 않다. 이에 비해, 자동요소 분할법에서는 그와 같은 제한은 없다. 그러나 일반적인 3차원의 자동요소 분할법, 예를 들면 3차원 들로네(Delaunay)법을 이용한 경우, 간극만하더라도 메시 분할에는 자계해석에 필요한 시간에 비해 무시할 수 없는 정도의 계산시간을 필요로 하게 되어 버려 해석의 고속화에 방해가 된다. 이 문제를 타개하기 위한 방법으로서 간극 안에 2차원 곡면을 형성하여 그 곡면상에 2차원 들로

네법으로 메시를 작성하고 그것을 이용해 남은 공간을 자동요소 분할하는 방법[3]이 고안되어 위 방법에 비해 수십 분의 1의 계산시간으로 메시를 작성할 수 있다.

회전자

고정자 코일

회전자 코어

회전자 코일

고정자 코어

회전자 코어

고정자 코어

|그림 7-6| 알터네이터에 있어서 메시의 구조

최후에 회전자나 고정자의 메시 분할에 있어서 유의해야 할 사항은 회전자측 및 고정자측에 있어서 간극 부근의 메시 구조는 될 수 있는 대로 구조의 주기성과 같은 주기구조를 가지게 해야 한다는 것이다.

혹시 주기구조를 형성하지 못했다면 간극 부근의 메시 구조가 치밀하지 않은 경우, 미세한 코깅토크 해석에 있어서 의미 있는 수치 오차가 발생할 수 있다. 왜냐하면 본래 서로를 상쇄시키는 힘의 성분이 메시의 다름에 의해 수치 오차로서 남아버리는데, 때마침 그것이 의미 있는 코깅토크 성분으로써 현재화(顯在化)하는 것이기 때문이다. 코깅토크는 정부(正負 : 음수와 양수)의 큰 힘 성분의 합에 의한 미세한 힘으로 나타내므로 메시에 기초한 수치 오차는 극력 회피하지 않으면 안 된다.

Section 5 회전기 해석 예

앞 절까지 회전기 해석에 필요한 해석기술에 대해서 설명해 왔기 때문에 이 절에서는 구체적인 해석 예를 들어 보겠다.

그림 7-7에서 자석이 회전자의 간극(갭) 부근에 매입된 같은 동기기(同期機)의 2차원 자계해석의 예를 들었다. 그림에 나타나 있는 선은 자력선을 나타낸다. 해석대상은 전체의 1/8영역이며, 자른 양측은 반주기 경계조건으로 접속되어 있다. 회전자의 회전에 따라 자력선분포도 회전하고 있는 것을 잘 알 수 있다.

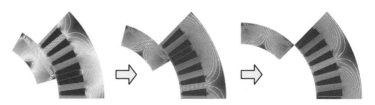

|그림 7-7| 자석매입형 동기기의 자계해석

다음에 알터네이터의 자계해석 예로서, 회전에 따르는 자속밀도의 변화를 그림 7-8에서 나타냈다. 해석영역은 전체의 1/12의 부분이며, 자른 양측은 회전축 방향 반전의 반주기 경계조건으로 접속되어 있다. 그림 7-7과 같이 회전자의 회전에 따라 자속밀도의 분포가 회전하고 있는 것을 잘 알 수 있다.

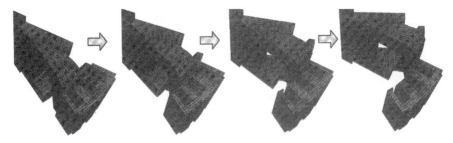

|그림 7-8| 알터네이터의 회전에 의한 자속밀도의 변화

다음의 예로서, 그림 7-9에 나타낸 CD-ROM이나 DVD에 사용되는 소형 스핀들 모터의 자계해석 예를 그림 7-10에 나타냈다. 이 모터는 회전자가 외측에서부터 그릇을 뒤집어 쓴 모양의 아우터 로터의 구조를 하고 있고, 회전자의 내측에는 반경 방향으로 자화(磁化)된 영구자석이 부착되어 있다. 그림 7-10의 해석에 있어서 구조의 주기성으로부터 전체의 1/3의 부분을 취하고, 자른 양측은 주기 경계조건으로 접속되어 있다. 회전자가 부드럽게 회전하도록 회전자에 부착된 자석의 자화는 회전축 방향으로 스큐가 걸쳐져 있고, 회전자 측면상의 자속밀도분포에 그 영향이 나타나는 것을 알 수 있다.

회전자

고정자

|그림 7-9| 스핀들 모터의 외관과 내부구조의 사진

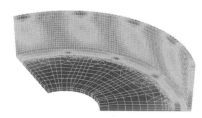
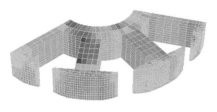

회전자   고정자

|그림 7-10| 스핀들 모터의 자속밀도분포

Section 6 토크 해석법

　회전기의 해석에 있어서 토크 해석은 필수요건이다. 유한요소법으로 토크를 해석하는 경우의 대표적인 수법이 2종류가 있다. 한 가지는 맥스웰 응력법이고, 다른 하나는 절점력법(節点力法)이다.

　그림 7-11에 나타낸 회전기의 회전자에 작용하는 토크를 구하는 방법으로 이 2종류의 방법에 대해서 설명한다.

　맥스웰 응력법에 의하면 토크 T는 다음 식으로부터 구하는 것이 가능하다.

$$T = \frac{1}{\mu_0} \int_S \left[r \times \left\{ (B \cdot n)\, B - \frac{1}{2} (B \cdot B) n \right\} \right] dS \qquad (7\text{-}15)$$

여기서, B : 자속밀도

　　　　n : 적분면의 법선방향 단위 벡터

　　　　r : 원점부터 적분면상의 벡터

　적분면 S는 공기영역에 둘 필요가 있고 회전기에서는 회전자·고정자 간의 간극(갭)의 원통면에 설정된다. 회전축 방향의 단위 벡터 e_z와의 내적(內積)을 취하면 회전 토크 T_z가 구해진다.

　절점력법에서는 위 맥스웰 응력법의 표현식 T_z를 변형해서,

$$T_z = \sum_{i \in S} T_{zi} \qquad (7\text{-}16)$$

$$T_{zi} = \frac{1}{\mu_0} \sum_{i \in S} \int_{V_L} (\nabla N_i) \cdot \left[(B \cdot u)\, B - \frac{1}{2} (B \cdot B) u \right] dV \qquad (7\text{-}17)$$

로 나타난다. 여기서 $u = r \times e_z$로, e는 회전축 방향의 단위 벡터, N_i는 적분면 S상의 절점 i에 있어서 절점요소 기저함수, V_L은 적분면 S의 외측 1층분의 간극(갭) 요소군이 점하는 공간이다. 절점력법에서는 간극 내의 적분면 S상의 절점에 작용하는 토크 T_i의 합력으로 표현되며, 절점력법의 이름의 유래도 여기에 있다.

　간극에서는 자속밀도가 크게 변화하기 때문에 어느 방법으로도 간극 내에서는 메시를 세밀하게 충분히 취하는 것이 중요하다.

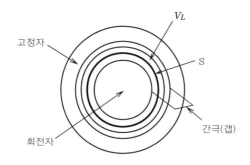

|그림 7-11| 토크 해석을 위한 적분면 S와 적분공간 V_L

Section 7 전자력해석부터 음장해석

　모터가 회전할 때, 전자력이 유발하는 진동 및 그에 따른 소음이 문제가 되는 경우가 종종 있다. 회전자나 고정자의 간극(갭) 근방에 있어서 구조가 회전방향으로 균일하고 편심(偏心)이 없다면 회전 토크에 고르지 못함이 생기지 않고 회전자는 부드럽게 회전할 수 있다.

　그러나 실제의 모터는 큰 구동 토크를 얻기 위해 회전자나 고정자는 슬롯 구조이고, 반드시 회전방향으로 구조를 가지는 것이 되며, 또 회전방향으로 자석이 극을 반전하면서 배치된 자석 모터에서는 구동 토크는 회전자의 회전에 의해 어느 정도의 폭으로 흔들리게 되어 토크에 고르지 못함이 발생한다.

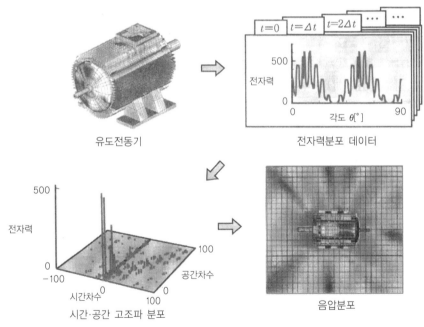

|그림 7-12| 유도전동기에 있어서 전자력·음장 해석

이 토크의 고르지 못함은 고정자에의 반력으로 되돌아 오며 고정자의 진동을 초래한다. 토크는 전자력의 회전방향 성분에 기초한 것이지만, 다른 한편으로는 반경방향의 전자력도 존재하며, 이것은 고정자의 표면을 수직방향으로 요동시키는 진동원이 되어 이것에 의해 전자소음이 발생한다.

모터의 제진(制振)·정음화(靜音化)를 위한 설계도구로서 전자력해석부터 진동·음장 해석에의 일관해석 시스템이 필요하게 된다. 진동해석이나 음장해석에서는 진동원으로서 해석의 편의상 전자계해석으로 얻은 전자가진력(電子加振力)을 시간·공간 고조파 성분으로 모드 전개하여 각 성분에 관한 전자가진력을 진동해석 시스템에 입력하고, 각 모드의 진동해석 결과를 기초로 음장해석에 연결한다. 그림 7-12에 그 모습을 나타내었다.[4]

Memo

서보 기술

08
CHAPTER

본 장에서는 AC 서보를 중심으로 서보 기술에 대해서 설명한다.

먼저 서보의 개요를 설명하고, AC 서보모터의 구조, 특성, AC 서보 앰프의 시스템 구성, 서보의 제어기술 그리고 서보 앰프의 주요 기능과 응용에 대해서 설명한다. 또 최근 주목받고 있는 오픈 네트워크 대응 서보 앰프, 프로그램 기능 내장 서보 앰프 등의 고기능 서보 앰프를 소개한다.

Section 1 서보모터의 발전과정

① 서보모터의 의미

서보모터는 지금까지 다루었던 여러 가지 모터와 비교할 때 회전 에너지 발생원리는 같아도 사용방법과 제품사양이 크게 다르다. '서보'의 의미가 '목표물을 추종한다'라는 것에서 알 수 있듯이, 서보모터는 빈번하게 변화하는 목표속도나 목표위치에 늦지 않게 추종하는 기능을 중시한 모터라 할 수 있다.

그림 8-1에 나타낸 것처럼 일반 모터가 부하를 계속 돌리는 일을 하는 일정속도 구동원인데 비해 서보모터는 목표각도까지 부하축을 돌리고, 그 각도를 유지하는 '제어용 소자'라 할 수 있다. 이 때문에 모터 가운데에서도 독자적인 분야를 형성하고 있다.

모터 종류	이용하는 기능	이용 형태
일반 모터	일정속도 구동원 ⟹	부하 토크에 대해 일을 한다.
서보모터	㉠ 일정속도 구동원 ⟹	위와 같음
	㉡ 제어용 소자 ⟹	지령속도(가변)에 추종, 유지 지령각도(가변)로 위치 결정

|그림 8-1| 서보모터의 응용분야

② 서보모터의 특징과 발전

서보모터와 같은 기능을 가진 것으로서 유압 서보나 공기압 서보가 사용되고 있다.

표 8-1에 나온 것처럼 각 방식이 일장일단을 가지지만 마이크로컴퓨터, 파워 소자 등의 일렉트로닉스 제품의 발전에 의한 제어성의 향상, 가격저감이 진행되어 메인터넌스성도 좋기 때문에 근년에는 전기식이 주류를 이루고 있다.

|표 8-1| 서보의 구동요소 비교와 전기식 서보의 발전

항 목	유압식	공기압식	전기식	비 고
대표적 기계	유압 실린더	공기압 실린더	DC 서보모터 AC 서보모터	• 마이크로컴퓨터 등에 의한 고성능·고기능화 의 도킹이 용이 • 소형 고성능화
장점	응답성 대출력	구조 간단, 저가 고속제어 가능	보수 용이 제어성 양호	
단점	작동유 보수 누출 대책	위치결정 정밀도 낮음 즉응성 낮음	저속에 부적당 제어장치 복잡	

|그림 8-2| 서보의 종류와 분류

전기식 서보에 사용되는 서보의 종류는 그림 8-2에 나타낸 것처럼, DC(직류) 모터와 AC(교류) 모터, 그리고 AC 모터 안에 유도형과 동기형이 있다.

동기형은 회전자에서 영구자석을 사용하기 때문에 대용량화를 하지 않고, 비교적 용량이 작은 서보(30kW 정도 이하)에 사용되는 예가 많다. 유도형은 유도 모터를 사용하기 때문에 대용량화 (37kW 정도 이상) 하기 쉽다.

제어용도이기 때문에 서보모터에 요구되는 특성으로는 간단하게 출력 토크를 제어할 수 있는 것을 들 수 있다.

DC 서보모터는 전기자전류에 출력 토크가 비례하는 특성을 가진다. 또한, 이 전기자전류는 직류이기 때문에 제어가 비교적 단순하다. 이 때문에 초기의 서보모터는 DC 서보모터로 시작되었다. 그리고 이것에 따라 제어기술도 DC 서보를 예로 하는 것이 많고, 여러 가지 제어기법이 제안되었다.

한편, AC 서보의 경우는 교류전류의 위상·진폭을 동시에 제어할 필요가 있기 때문에 DC 서보에 비해서 발전이 늦었다. 그러나 1970년대의 파워 일렉트로닉스 기술의 발전, 1980년대의 전자회로기술의 발전에 의해 교류전류의 제어가 비교적 용이해졌다. 또한, 마이크로컴퓨터의 발달에 의해 교류 모터를 마치 DC 서보와 같이 운전하는 벡터 제어기술이 진전되어 AC 서보의 제품화에 박차를 가했다.

AC 서보의 경우, 큰 이점은 DC 서보에서는 필수인 정류자, 브러시가 없고, 이것들의 마모에 의한 먼지와 티끌이 발생하거나 메인터넌스, 정기교환 등의 필요가 전연 없다는 것이다. 또 벡터 제어기술의 향상에 의해 AC 서보가 DC 서보와 같은 양상으로 취급할 수 있게 되어, DC 서보 시대에 개발된 제어기법을 AC 서보에 적용할 수 있게 되어 현격하게 제어성능의 향상을 이루어낼 수 있게 되었다.

또한, 영구자석형 동기 모터의 AC 서보는 계자측(2차측)의 제어가 필요 없어져서 유도형에 비해 더욱 제어성이 양호해진데다 근년의 네오딤계 자석의 발전으로 소형화되어 급속도의 진보를 이루고 있다. 이 때문에 현재 AC 서보라 하면 영구자석형 동기 모터를 이용한 서보를 가리키는 일이 많다.

그림 8-3에 히타치(日立)제 AD 시리즈의 외관 사진을 실었다.

|그림 8-3| 히타치(日立)제 AD 시리즈 외관

Section 2 AC 서보모터의 구조와 특성

1 AC 서보모터의 구조

그림 8-4에 근년 실용화되고 있는 AC 서보모터의 전형적인 구조 예를 보였다.

이 모터는 원리적으로는 영구자석 동기 모터(2장)와 동일하며, 회전자에 고정한 영구자석(그림에서는 10극)에 의해 계자를 구성하고, 고정자측에 전기자 코일을 설치한 내전계자식(內轉界磁式) 모터이다.

구조적인 특징으로는 소형화의 설계 사상을 근거로, 전기자 코일은 코어의 톱니마다 권선하는 '집중권' 방식으로 감음으로써 코일 끝부분의 높이를 대폭 낮추어 모터 전체길이를 짧게 하는 것이 일반적이다. 또 전기자 코어를 권선하기 쉬운 형상마다 분할하여 코어 조각부품으로 해서 이것에 권선을 감은 코어 조각 코일 부품을 조립하여 소요의 전기자 코어 형상을 얻는다는 생산 방식에 의해 권선의 밀도를 비약적으로 높이는, 소위 '분할 코어 방식'이 채용되어 있는 것이 많다.

또한, 출력축측과 반대측의 회전자 축단에는 위치검출기, 소위 인코더가 부착되어 위치신호가 케이블을 통해 상시 제어회로에 들어오게 된다.

이 제어회로는 서보 드라이버, 서보 앰프, 서보 컨트롤러 등 메이커에 의해 부르는 방법도 제각각이지만, 이 책에서는 '서보 앰프'라고 부르도록 하겠다.

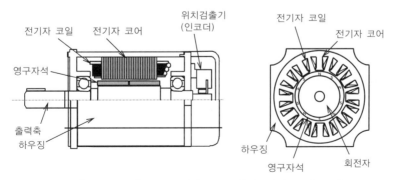

|그림 8-4| 서보모터의 구조 예(영구자석 동기 모터)

2 AC 서보모터에 요구되는 특성

위치결정 제어를 주요 동작으로 하는 서보모터에서는 반드시 가속·이동·감속·위치결정 정지의 4공정으로 구성되는 일련의 동작이 필요하다. 특히 근년의 자동실장기계 등에 요구되는 소형 워크의 고빈도 위치결정에 있어서는 1회의 위치결정 동작을 가능한 한 단기간으로 행할 필요성 때문에 가속, 감속, 및 위치결정 정지의 고속화가 중요하다. 이러한 이유들로부터 표준적 서보모터에서는 출력양식 면에서 이하의 특징을 가진다.

① 연속사용 상태에서의 정격출력에 대해서 순시동작이 가능한 최대출력의 비율이 크다.

② 모터 자체가 가지는 관성값에 비해 출력가능한 토크가 크다.

③ 저속이나 정지상태에서도 큰 유지 토크가 나오며, 위치결정 안전성이 높다.

이들 요구방법을 반영한 서보모터의 출력특성은 그림 8-5와 같은 속도-토크 특성을 가지고 있다. 근년의 표준적 서보모터의 경우, 순시 최대 토크, 연속 정격 토크의 비율은 300%를 확보하며, 일찍이 회전수에 의하지 않고 플랫(flat)한 토크를 출력할 수 있게 하고 있다. 또한, 위의 세 가지 특징 중 ②에 대응하여 다음과 같은 식으로 정의되는 파워레이트가 사양값으로 이용된다.

$$\text{파워레이트} = [\text{정격 토크}]^2 / [\text{모터 회전자 관성}] \qquad (8-1)$$

위 식은 정지상태의 모터를 무부하인 상태에서 정격 토크로 가속한 때에 모터가 발생시킬 수 있는 출력의 증가속도이며, 경부하 상태에서의 가·감속의 속응성을 나타내는 지표가 되고 있다.

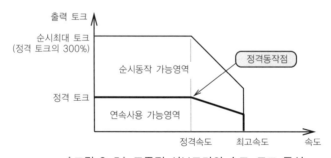

|그림 8-5| 표준적 서보모터의 속도-토크 특성

3 AC 서보모터의 고성능화와 토픽스

근년의 고성능 서보모터에 있어서 과제로 되고 있는 항목을 다음에서 서술한다.

(1) 고(高) 파워레이트화

회전자 관성을 작게 하기 위해서는 회전자 반경을 작게 할 필요가 있지만 자석의 표면적도 작아지기 때문에 동일한 기자력을 가지기 위해서는 자속밀도를 올릴 필요가 있다. 이것에 대해 자속의 유효성분인 기본파 성분을 늘리기 위해서 자석재의 극세조직과 자석의 극배치가 최적이 되도록 다른 방향성을 가지게 하여 자석의 이용 등 각종 수법의 응용이 이루어지고 있다.

(2) 코깅 토크

모터를 단자개방 상태에서 외부로부터 힘을 받아 회전할 때 회전각도에 의해 변화하는 반발 토크를 코깅 토크라 부른다. 이것은 영구자석 모터 특유의 것이며, 회전자 각도에 응해 자기저 항값이 주기적으로 변화하는 것에 의해 발생한다. 코깅 토크는 정밀한 회전제어를 행할 때 토크 외란(外亂)으로서 제어계의 성능을 열화시키기 때문에 가능한 한 작은 것이 바람직하다(코깅 토크의 발생요인 등은 2장 8절 참조).

Section

3 AC 서보 앰프의 시스템 구성

❶ AC 서보 앰프의 구조와 역할

　　AC 서보모터의 목적은 정밀한 위치제어나 속도제어를 행하는 것이다.

　　이 때문에 모터 축에 설치된 속도검출기, 위치검출기에서 속도나 위치를 검출하고, 모터를 지령대로의 위치에 움직이거나 지령대로의 속도로 운전하도록 모터의 공급전류를 제어하는 서보 앰프가 필요하게 된다. 이 서보 앰프에도 펄스열 신호 등의 형태로 위치지령을 입력하고, 모터를 지령위치에 추종해서 동작시키는 위치제어 앰프, 아날로그 신호 등의 형태로 속도지령을 입력하여 모터를 지령속도로 동작시키는 속도제어 앰프와 같이 사용목적에 의해 몇가지 종류가 있으며, 각각 제어구조는 다르다.

　　서보 앰프의 예로서 히타치(日立)제 AC 시리즈 서보 앰프의 블록도를 그림 8-6에 나타냈다.

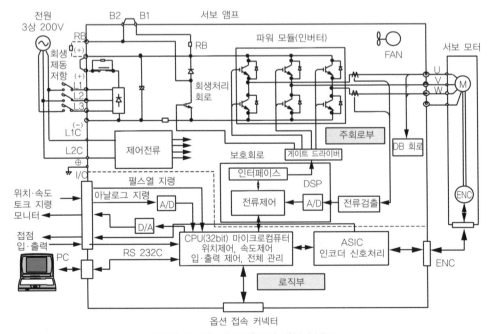

|그림 8-6| 서보 앰프의 내부 블록도

142

이 서보 앰프는 교류전원을 입력하고 그것을 정류한 후, 파워 모듈을 통해 모터를 구동하는 주회로부와 상위장치에서 오는 지령을 입력해서 서보의 위치제어나 속도제어를 하는 로직부(部)로 나뉘어져 있다. 주회로부의 제어는 DSP(Digital Signal Processor)가 중심이 되어 모터 전류값을 피드백하여, 그것이 소망의 전류값이 되도록 파워 모듈의 스위칭을 제어하는 전류제어를 행하고 있다. 또한, 로직부는 32비트의 고성능 마이크로컴퓨터를 사용하고 있으며, 모터의 위치검출기(인코더)로부터의 데이터를 피드백해서 모터가 지령대로의 속도, 위치가 되게끔 제어하고 있다.

종래에는 서보 제어계의 많은 것이 아날로그 회로에 의해 구성되어 있었지만, 근년의 전자 디바이스가 급속도로 발전함에 따라 거의 모든 제어가 마이크로컴퓨터를 이용한 디지털 제어(소프트웨어 서보)로 되고 있다. 이것에 의해 디지털 필터나 옵저버 등 고도의 제어도 용이하게 행하게 되었다.

2 위치검출기

이미 서술한 것처럼, 서보 제어에는 모터의 회전속도나 위치를 검출할 필요가 있기 때문에 모터의 속도검출기, 위치검출기를 설치하지 않으면 안 된다. 이들 위치검출기로서는 다음과 같은 것들이 사용된다.

(1) 인코더(ENC : encoder)

모터 등의 회전체의 회전각도를 코드화하여 출력하는 센서이며, 위치정보의 형태에 의해 광학식, 자기식 등이 있다. 서보에는 광학식 인코더를 사용하는 경우가 많지만, 이것은 회전축에 설치되어 있는 유리판에 위치정보를 패턴화시켜 슬릿이 들어가 있으며, 이 패턴을 발광소자, 수광소자로 판독함으로써 위치정보를 얻는 것이다.

또한, 광학식 인코더가 출력하는 위치정보에는 그 형태에 의해 인크리멘탈 방식과 앱솔루트 방식이 있으며, 각각 다음과 같은 특징을 가진다.

① 인크리멘탈 인코더(incremental encoder) : 회전축의 유리판에는 그 원주상에 일정 간격의 슬릿이 들어 있고, 그 정보를 슬릿 간격의 1/4 벗어난 2개소의 위치에서 판독하여 각각을 파형정형함으로써 위상차를 가진 펄스 신호로 출력한다. 이 펄스 신호를 위상차를 고려하면서 카운트함으로써 위치의 변화량을 얻을 수 있다. 단, 인크리멘탈 인코더로 알 수 있는 것은 최초 위치로부터의 상대위치이고, 절대적인 위치 데이터를 얻는 것은 불가능하다. AC 서보를 제어하기 위해서는 로터의 자극위치가 필요하기 때문에 위의 펄스 신호와는 별도로 자극위치신호를 내도록 하는 타입의 인코더도 많다.

② 앱솔루트 인코더(absolute encoder) : 회전축의 유리판에는 회전위치를 코드화하여 그 패턴으로 슬릿이 들어 있다. 앱솔루트 인코더는 이 위치정보를 간파하여 위치 데이터 코드를 출력한다. 이와 같은 인코더는 1회전 내의 절대위치가 상시 검출 가능한 것으로 제어에 편리한 반면, 슬릿의 패턴이 복잡하다는 등의 문제가 있으며, 고가의 위치검출기가 된다. 또한, 회전의 횟수까지 카운트·기억하는 다회전 타입이나 초기 위치만 앱솔루트 데이터를 내고, 다음은 인크리먼탈의 신호로 제어가 가능하게끔 한 복합 타입과 같은 것들도 있다.

(2) 리졸버(resolver)

고정측과 회전측에 각각 코일을 배치하고 고정측에 고조파의 여자(勵磁)를 가해 다른 한편의 코일로부터 출력전압을 끄집어낸다. 이 출력전압과 여자전압의 위상 차이로부터 회전측 코일의 위치를 검출하는 것이 리졸버이다.

구조상 기계적 강도가 있고 진동 등에 대하는 내환경성이 우수하다.

서보 제어계의 기본특성

① 제어계의 기본구성

그림 8-7에 대표적인 서보 제어계의 기본구성을 나타내었다. 서보 제어계는 다음과 같이 크게 3가지로 나뉜다.

① **위치제어계** : 위치검출기로부터 얻어지는 위치를 상위장치(上位裝置)로부터 주어진 위치 지령에 추종하도록 제어한다.
② **속도제어계** : 속도검출기로부터 얻어지는 속도를 속도지령에 추종하도록 제어한다.
③ **전류제어계** : 토크에 비례하는 모터 전류를 전류지령(토크 지령)에 추종하도록 제어한다.

서보 제어계의 응답성(지령에 추종하는 빠르기)은 각 제어 루프의 제어응답주파수(제어 게인)에 의해 결정된다.

그림 8-7의 제어계를 제어 블록도로 하면 그림 8-8에 나타낸 것처럼 된다. 그림 속에 나타난 s는 라플라스(laplace) 연산자이며, 전류제어계는 속도제어계에 비해 응답이 높기 때문에 블록도에서 생략했다.

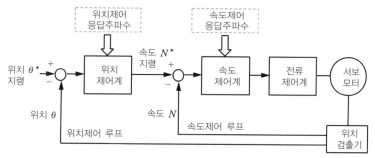

|그림 8-7| 서보 제어계의 구성

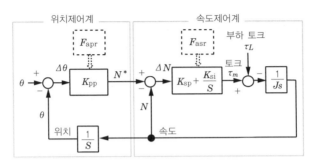

|그림 8-8| 위치·속도 제어계의 블록

그림 중의 각 기호를 다음과 같이 정리한다.

- F_{apr} : 위치제어응답주파수[Hz]
- F_{asr} : 속도제어응답주파수[Hz]
- K_{pp} : 위치제어비례 게인
- K_{sp} : 속도제어비례 게인
- K_{si} : 속도제어적분 게인
- J : 관성 모멘트(모터+기계)[kg·m²]

❷ 속도제어계의 제어응답성

속도제어계에는 속도지령 N^*과 속도검출값 N의 편차 ΔN(이하 속도편차)을 정상적으로 제로(0)로 하는 것이 가능한 비례·적분 방식이 일반적으로 잘 사용되고 있다. 속도제어계에서는 속도편차 ΔN에 비례 게인 K_{sp}를 곱한 신호와 ΔN에 적분 게인 K_{si}를 곱하여 적분한 신호를 가산해, 토크 지령 τ_m을 연산한다. 비례·적분 게인 K_{sp}, K_{si}는 속도제어응답주파수 F_{asr}과 관성 모멘트 J에 의해 결정하는 것이 가능하다.

$$\left.\begin{array}{l} K_{sp} \propto J \cdot F_{asr} \\ K_{si} \propto J \cdot F_{asr}{}^2 \end{array}\right\} \tag{8-2}$$

서보에서는 고응답·고정도의 위치결정 운전성능이 요구되기 때문에 속도제어계의 고응답화가 바람직하다. 속도제어응답주파수가 낮으면 시간적으로 미소(微小)한 속도변화에 추종할 수 없고, 위치결정 성능의 열화(후술)에 연관되어 고속의 위치결정을 요구하는 기계에는 적용할 수 없는 문제가 있었다.

현재에는 마이크로컴퓨터의 고성능화에 따라 500Hz를 넘는 고속제어응답주파수도 실현하게 되었다.

그림 8-9에서 속도제어계의 스텝 응답을 나타내었다. 스텝 모양의 속도지령 N^*을 주면 실제의 속도 N은 지수함수적으로 증가하지만, F_{asr}이 높을수록(100→500Hz) 응답시상수(목표값의 63.2%에 도달하기까지의 시간)가 작아지게 됨을 알 수 있다. 500Hz로 설정하면 응답시상수는 0.318ms로 고속으로 추종하고 있다.

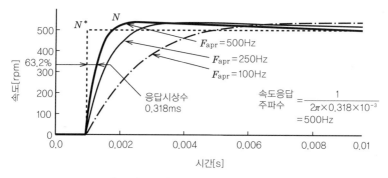

| 그림 8-9 | 고속제어계의 스텝 응답

또한, 일반적으로 서보에서는 폐(閉)루프 주파수응답특성에 의해 속도제어 루프의 응답성을 평가하는 일이 많다. 그림 8-8에 나타낸 속도지령 N^*부터 속도 N까지의 폐루프 전달함수 $G_{so}(s)$는,

$$G_{so}(s) = \left(K_{sp} + \frac{K_{si}}{s}\right) \cdot \frac{1}{Js} \qquad (8-3)$$

게다가 폐루프 전달함수 $G_{sc}(s)$를 구하면 다음과 같은 식이 된다.

$$G_{sc}(s) = \frac{G_{so}(s)}{G_{so}(s)+1} \qquad (8-4)$$

그림 8-10에서 식 8-4의 주파수응답특성을 나타낸다. 주파수응답이란 속도제어계에서 사인파상의 속도지령을 주며, 사인파의 입력주파수를 높게 한 경우의 입력주파수와 진폭비율(속도검출값/속도지령값)의 관계를 그래프화한 것이다. 일반적으로 주파수를 높게 하면 진폭이 작아지지만, 감쇠비율이 −3dB(=70.7%)의 크기가 되는 때의 지령의 입력주파수를 속도응답주파수(차단주파수, 컷오프 주파수)라 부르고, 응답성의 평가지표로서 사용한다. 이 속도응답주파수는 그림 8-9에 나타낸 스텝 응답과 밀접하게 관계하고 있다.

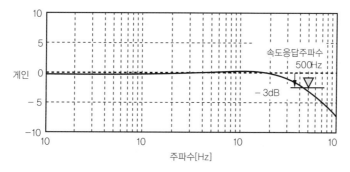

| 그림 8-10 | 속도제어계의 폐루프 주파수 응답특성(F_{asr} : 500Hz 설정)

③ 위치제어계

위치제어계는 그림 8-7과 같이 위치지령 θ^*과 위치검출값 θ의 편차(이하 위치편차 $\Delta\theta$)에 비례 게인 K_{pp}를 승산하여 속도지령 N^*을 연산한다.

비례 게인 K_{pp}는 위치제어응답주파수 F_{apr}에 의해 결정하는 것이 가능하다.

$$K_{pp} \propto F_{apr} \tag{8-5}$$

서보에서는 위치결정동작을 행하는 때 배려해야 할 중요한 특성으로, 위치결정 정정시간이 있다. 위치결정 정정시간 T_{inp}란 그림 8-11에 나타낸 것처럼 위치지령 θ^*의 입력종료시점(지령정지점)부터 위치편차 $\Delta\theta$가 소정의 위치결정폭 Δinp 내에서 수속(收束)하기까지의 시간이다.

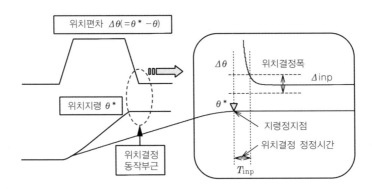

|그림 8-11| 위치결정 동작부근의 모습

즉, 위치결정 정정시간이란 입력된 위치지령이 정지한 뒤 모터가 안정되어 다음 동작을 행할 수 있기까지의 시간을 의미하며, 정정시간 T_{inp}가 단시간일수록 위치결정특성이 좋은 서보라고 할 수 있다. 정정시간 T_{inp}는 위치제어계만으로 생각하면 이론적으로 도출하는 것이 가능하다.

$$T_{inp} = \frac{-\ln\left(\dfrac{\Delta inp}{\Delta\theta_{inp}}\right)}{K_{pp}} \tag{8-6}$$

여기서, Δinp : 위치결정폭[rad]

$\Delta\theta_{inp}$: 위치지령 종료점에 있어서 위치편차 [rad]

이 식에 의해 제어응답주파수 F_{apr}의 크기에 의해 정정시간 T_{inp}가 대수함수적으로 변화하고, 정정시간 T_{inp}를 작게 하기 위해서는 제어응답주파수 F_{apr}을 높게 설정할 필요가 있는 것을 알 수 있다. 또한, 속도제어계는 위치제어계 내측의 루프 때문에 응답주파수를 위치제어응답주파수의 약 6배 정도로 하는 것이 바람직하다. 이 때문에 서보 앰프 속도의 속도제어응답주파수가 잘 사용된다.

Section 5 서보 앰프의 기능과 응용

앞 절까지 AC 서보의 기본적인 특성에 대해서 서술하였다. 이 절에서는 AC 서보 앰프를 사용하는 경우에 필요한 기능과 응용에 대해서 설명한다.

1 제어 전환기능

서보 앰프 내에는 위치제어, 속도제어, 전류(토크)제어계가 포함되어 있는 것은 이미 서술하였다. 최근 서보 앰프에서는 하나의 앰프에서 이 3가지의 제어 모드 전환이 가능하다. 제어 모드를 전환하면 그 지령형태는 표 8-2에 나타낸 것처럼 된다. 일반적으로 제어 모드는 1회 설정하고, 전환할 수 없지만, 사출성형기 등의 특수한 기계에서는 제어 모드를 전환할 수 있다. 이 기계에 있어서 워크의 작업 전에는 속도제어 혹은 위치제어로 운전하고, 재료가공 시에는 일정 토크로 운전할 필요가 있다.

이 때문에 외부의 접점입력 MOD 단자에서(日立제 AD 시리즈의 경우) 2종류의 제어 모드로 전환하는 것이 가능하다. 또한, 이 제어전환기능을 사용해 통상은 상위 시스템부터 위치제어하고 메인터넌스 등으로 속도제어의 수동으로 서보모터를 움직이는 경우에도 응용할 수 있다.

|표 8-2| 각 제어 모드 지령 입력형태

제어 모드	지령형태	응용기계
위치제어	펄스 열신호	반송기, 마운터
속도제어	아날로그 전압 접점입력(다단속)	모션 장치
토크 제어	아날로그 전압	사출성형기, 압출기

② 위치제어운전

최근의 서보 앰프에서는 서보 앰프의 제어성능이 파격적으로 진보하여, 상위 시스템의 펄스열 지령으로 위치제어하는 예가 많다. 이후 이 위치제어에 관한 잘 사용되는 기능에 대해서 설명한다.

(1) 펄스열 입력 모드

상위 시스템의 펄스열 형태는 크게 나누어 3가지이다. 이 펄스열의 형태에 맞추어 서보 앰프에 접속·설정할 필요가 있다.

펄스열의 형태를 그림 8-12에 나타냈다.

신호형태명	신호 펄스열 입력형태	
펄스열 지령	PLS 단자 (펄스열 지령)	
	SIG 단자 ON 역전 OFF 정전	정전(正轉)　　　역전(逆轉)
정전 역전 펄스	PLS 단자 (정전측 지령)	정전
	SIG 단자 (역전측 지령)	역전
위상차 2상 펄스	PLS 단자 (위상차 2상 A상)	
	SIG 단자 (위상차 2상 B상)	정전　　　역전

|그림 8-12| 펄스열 입력형태의 종류

(2) 전자 기어

펄스열 입력 모드로 입력된 경우, 다음과 같은 문제가 있다.

① 서보모터를 최고속으로 운전할 수 없다(펄스열의 최고 입력주파수에 제한이 있다).

② 1펄스당 이동량을 알기 쉽게 하고 싶다.

상기 ①은 최고회전수가 5,000rpm으로, 1펄스분의 분해능이 모터 1회전당 32,768펄스로 한 경우 펄스열의 입력 최고주파수를 500kpps로 하면, 이 최고주파수로 지령을 입력해도 916 rpm까지밖에 운전할 수 없다. 또, ②는 사용하는 기계사양(볼나사, 기어)에 의해 1펄스분의 이동량을 알기 어렵다.

이 때문에 전자 기어 기능이 사용된다. 이 기능은 그림 8-13에 나타낸 것처럼, 펄스열 입력부와 위치제어의 사이에 들어가져서 가상적으로 M/N에 증속하거나 단위환산하는 것이 가능하다. 실제로 기어 등은 존재하지 않지만 서보 앰프 내에서 전자적으로 변속하는 작용이 있기 때문에 '전자 기어'라 불린다.

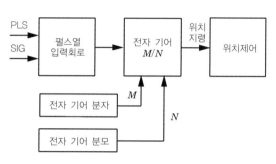

|그림 8-13| 전자 기어의 기능 블록도

(3) 위치결정 완료(INP) 신호

위치제어로 운전하는 경우, 상위 시스템에 위치결정 완료를 통지할 필요가 있다. 이 때문에 접점출력신호에서 위치결정 완료(INP)신호를 출력한다. 이 INP 신호는 위치지령과 위치의 편차가 위치결정 폭 내에 들어간 경우 온(on)으로 출력된다. 이 폭으로 기계의 정도(精度), 위치결정 시간(택트 타임)이 변화하기 때문에 서보 앰프에 파라미터로 설정가능하다. 이 파라미터는 허용하는 오차, 택트 타임을 고려해서 결정할 필요가 있다. 위치결정 폭을 작게 하면 정도가 높아지지만, 위치결정시간은 길어진다.

(4) 인코더와 원점복귀

서보모터에 설치되어 있는 위치검출기의 인코더는 앱솔루트 방식과 인크리먼탈 방식으로 나뉜다. 앱솔루트 인코더는 전원을 꺼도 현재 위치를 유지하기 때문에 한번 위치를 맞춘다면 다시 맞출 필요가 없고, 전원투입 후 바로 통상의 운전에 들어간다. 그러나 인크리먼탈 인코더는 전원을 끄면 현재 위치를 소실하기 때문에 전원투입을 할 때마다 기계원점(원점 스위치 위치)까지 이동시켜 원점맞추기를 할 필요가 있다.

이 동작을 원점복귀라고 부른다. 이전의 서보 앰프에서는 이 원점복귀를 상위 시스템에서 펄스열 신호를 주어, 상위측에서 원점복귀를 했었다. 최근의 서보 앰프에서는 이 기능을 서보 앰프에 내장하고 있는 경우가 많다.

(5) 풀 클로즈드(full closed) 제어

일반적인 서보 앰프를 이용해 위치제어계를 구성하면 그림 8-14 (a)와 같은 구성이 된다. 이 구성방법을 세미 클로즈드(semi closed) 제어라 부른다. 이 방법은 간단하게 구성할 수 있기 때문에 잘 사용되는 방법이지만, 부하축측의 이동량을 검출하는 것은 아니기 때문에 모터축부터 부하축측의 오차분(기어의 백러시 등)을 도울 수 없다.

이 때문에 부하축측의 이동량을 검출해서 서보 앰프에 입력하는 것으로 이 오차분을 보정할 수 있다. 이 방식을 풀 클로즈드 제어라 부른다. 단, 부하축측에 위치검출기의 설치가 필요하므로, 전체적으로 고가의 시스템이 된다.

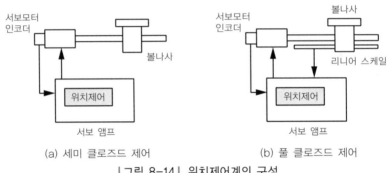

(a) 세미 클로즈드 제어   (b) 풀 클로즈드 제어

|그림 8-14| 위치제어계의 구성

3 그 외의 기능

(1) 다이내믹 브레이크(DB)

영구자석형 동기전동기 타입의 AC 서보모터는 권선을 단락해서 모터축을 회전시키면, 렌츠의 법칙으로 회전을 멈추게 하는 힘이 작용한다. 이것을 다이내믹 브레이크라고 한다. 서보 앰프의 기능으로서, 모터 비통전 시에 모터 권선을 단락하는 것으로 브레이크를 걸 수 있다. 수직방향의 동작의 경우 비통전 시 중력에 의해 자유낙하하는 것을 방지하기 위해 다이내믹 브레이크를 가동시키는 것이 가능하다.

또한, 비상용의 정지기능으로서 어느 정도의 이상이 있을 때 다이내믹 브레이크를 걸면 급정지가 된다. 단, 많은 서보 앰프는 저회전에서의 DB 사용을 전제하고 있기 때문에 모터가 고회전 시 DB를 걸면 DB 회로에 상정 이상의 부담이 가해져 서보 앰프가 열화한다. 이 때문에 저회전으로 다이내믹 브레이크를 거는 시퀀스로 하는 것이 바람직하다.

(2) 오토튜닝(auto-tuning)

서보 시스템의 경우 폐루프로 높은 응답이 요구되기 때문에 제어 게인의 조정이 필요하다. 모터에서 본 부하축 환산관성을 알 수 있는 경우에는 비교적 제어 게인의 조정이 용이하다. 히타치(日立)제 서보 앰프 AD 시리즈에서는 이 관성을 입력하고, 기계의 강성(剛性)에 맞춘 응답주파수의 표준값을 입력하는 것으로 평이하게 조정하는 것이 가능하다.

그러나 복잡한 기구를 가지고 관성이 불명 혹은 관성이 변화하는 경우는 관성을 입력할 수 없다. 그래서 게인을 오토튜닝하는 기능이 있다.

오토튜닝은 오프라인, 온라인의 2종류가 있다. 오프라인 오토튜닝은 기계를 연결한 상태에서 일정 동작 패턴으로 모터를 구동시키고, 그때의 동작으로부터 게인을 튜닝하는 기능이다.

또 온라인 오토튜닝은 실제로 기계에 접속해서 실제로 가동상태에서 동작 중에 리얼 타임으로 게인을 튜닝한다. 이 때문에 온라인 튜닝은 동작개시 시에는 불안정한 동작을 하지만 운전을 계속함에 따라 안정적으로 동작이 되도록 게인을 조정한다.

한편, 리얼 타임으로 조정하기 때문에 관성이 서서히 변화하는 기계에도 적용된다.

그러나 매회 게인이 달라질 가능성이 있고, 특성이 안정되지 않은 경우가 있다. 이런 경우는 수동으로 게인을 조정할 필요가 있다.

4 세트업 프로그램

근년 IT 기술의 발전에 의해 간단하게 PC를 사용할 수 있게 되었다. 또한, 서보 앰프의 소형화가 진행되고, 서보 앰프에 직접 파라미터를 입력하는 것이 매우 번거롭다. 이 때문에 PC와 서보 앰프를 RS-232C로 접속하고, PC로부터 서보 앰프를 조작할 수 있는 세트업 프로그램이 준비되고 있다.

세트업 프로그램은 파라미터의 설정기능 외에 서보 앰프의 동작상태 모니터 기능, 서보모터의 동작파형을 그래피컬하게 보는 운전 트레이스(trace) 기능 등이 있으며, 서보 시동 때 편리하다.

Section 6 다기능 서보 앰프

지금까지 표준적인 서보 앰프에 대해서 서술하였지만, 다음에는 서보 앰프 내에 여러 가지 기능을 내장한 다기능 서보 앰프를 소개한다.

1 프로그램 기능 내장 서보 앰프

일반적인 서보를 사용한 시스템에서는 그림 8-15에 나타낸 것처럼 시스템 전체를 제어하는 상위 시스템과 서보 앰프에 의해 구성된다. 이와 같은 경우, 상위 시스템부터 서보 앰프에는 펄스열 신호로 정지위치를 수시로 지정한다.

이 펄스열의 신호는 일정주파수가 아니고 주파수의 미분이 그림 8-15에 나타낸 것처럼 사다리꼴 모양의 파장이 되도록 입력하지 않으면, 진동 등이 발생하고 부드럽게 동작하지 않는다.

1축의 서보 시스템이라도 이와 같은 상위 시스템을 준비할 필요가 있고, 고가가 되며 복잡하게 된다.

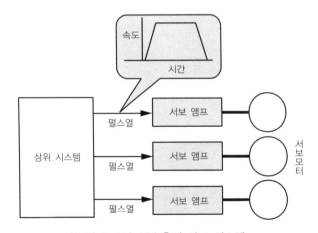

|그림 8-15| 복수축의 서보 시스템

이 때문에 히타치(日立)제 AD 시리즈에서는 간이 PLC 기능을 내장한 서보 앰프를 준비하고 이 서보 앰프를 '프로그램 기능 내장 서보 앰프 ADAX'라 부르고 있다. 이 서보 앰프의 사이즈는 AD 시리즈 표준품과 같은 사이즈로, 표준품의 기능에 프로그램 기능을 추가하고 있다. 사용자는 프로그램 초심자일지라도 비교적 용이하게 기술되는 BASIC(Beginners All Purpose Symbolic Instruction Code)과 같은 언어로 입·출력 신호, 서보 앰프의 동작을 기술하고 간단한 PLC(Programmable Logic Controller)의 기능과 서보 앰프의 위치결정동작이 1대로 가능하게 된다.

그림 8-16의 동작을 프로그램으로 기술하면 그림 8-17처럼 되며, 간단한 1축 위치결정 컨트롤러를 실현할 수 있다.

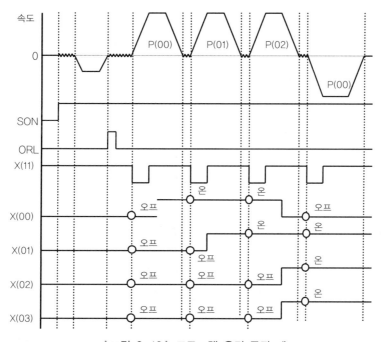

|그림 8-16| 프로그램 운전 동작 예

```
                    entry
                    ort         1          N(00)                  ACC(0)   DEC(0)
                    wait        X(11)   =          1
            MAIN    wait        X(11)   =          0
                    select      Xw
                    case        0
                    mov         P(00)   N(00)  ACC(0)  DEC(0)
                    case        1
                    mov         P(01)   N(00)  ACC(0)  DEC(0)
                    case        3
                    mov         P(02)   N(00)  ACC(0)  DEC(0)
                    case        6
                    mov         P(03)   N(00)  ACC(0)  DEC(0)
                    case        13
                    mov         P(04)   N(00)  ACC(0)  DEC(0)
                    case        15
                    mov         P(05)   N(00)  ACC(0)  DEC(0)
                    case else
                    mov         P(06)   N(00)  ACC(0)  DEC(0)
                    end select
                    goto        MAIN
                    end
```

|그림 8-17| 프로그램의 일례

❷ 네트워크(필드 버스) 대응 서보 앰프

근년, 서보 드라이브 등의 오토메이션 분야에서 필드 버스의 이용이 진행되고 있다. 필드 버스 (field bus)[1]란 서보 드라이브와 같은 현장 사이드의 기구를 디지털 통신에 의해 기구간에 통신 하는 방법이다.

오늘날에도 서보 드라이브 제어에는 4~20mA·5/10V의 아날로그 제어나 펄스열 지령에 의한 제어가 행해지고 있지만, 이것은 배선 및 배선부설 코스트 증대 등의 문제가 있다. 이것을 해결 해야 함에도 필드 버스는 주목되고 있다.

그림 8-18에 공장의 관리 레벨을 3계층으로 분류한 네트워크 구성을 나타내었다. 필드 버스 는 그림의 최하층에 해당하는 부분을 가리킨다.

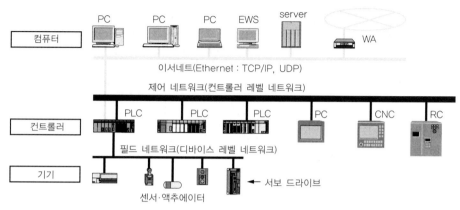

|그림 8-18| 공장관리 레벨의 계층화

근년의 필드 버스는 오픈화가 일반적이다.

오픈화란 사양을 공개하고 누구라도 그 사양에 따른 제품을 만드는 것이 가능하며, 다른 벤더의 제품간의 상호접속성·상호운용성이 높아지는 것이다. 이와 같은 오픈 필드 버스가 갖는 장점을 정리해 보면 다음과 같은 것들이 있다.

① 배선선재 코스트, 배선 코스트를 삭감할 수 있다.

② 1개의 배선상에 복수기구를 연결해 기구의 일괄관리가 가능하다.

③ 하나의 기구에 대해 많은 벤더가 제품을 제공하고 있기 때문에 사용자 어플리케이션에 적절한 사양을 고려해 기구를 선택할 수 있다.

④ 디지털 데이터로 송·수신되기 때문에 데이터가 정확하다.

다음으로 서보 드라이브에도 응용되고 있는 오픈 필드 버스로서 DeviceNet과 SERCOS를 소개한다.

(1) DeviceNet

DeviceNet은 앨런 브래들리(Allen Bradly)사에 의해 개발되어, 1994년에 사양이 공개되었다. 1995년에는 DeviceNet 보급단체로서 ODVA(Open DeviceNet Vender Assosiation)가 설립되어 북미를 중심으로 큰 시장점유율을 가지는 오픈 필드 버스이다.

ODVA에서는 300 이상의 벤더가 가입해 있고, 350 이상의 대응제품이 있으며, 출하 노드수는 45만 노드 이상이다(1999년 현재)[2].

DeviceNet의 일반적인 사양을 표 8-3에 나타냈다. DeviceNet은 제조업(자동차 제조 라인 등), 소재(철강·비금속·섬유설비 등), 프로세스(식품·약품 등), 전자전기(전자부품, 반도체 제조장치 등) 등 여러 가지 용도로 폭넓게 사용되고 있다.

|표 8-3| DeviceNet 사양

사 양	내 용
규격	ISO 11898 & 11519, EN 50325, IEC 62026-3
전송방식	CSMA/NBA
통신 토폴로지	버스(트렁크 라인/드롭 라인)
통신속도/전송거리	500/250/125kbps 100/250/500m
통신 데이터 길이	8바이트
노드의 수	64국

(2) SERCOS

SERCOS는 SErial Real-time COmmunication System의 약어로, 제어 유닛(NC 등)과 서보 드라이브 간을 광데이터 전송으로 행하는 디지털 인터페이스이며, 국제표준규격 IEC 61491로 규격화된[3] 다축 모션 컨트롤의 동기제어에 필요한 성능을 갖춘 오픈 표준규격이다. 주요 사양은 표 8-4에 있다.

SERCOS의 주요 특징에는 제어 유닛이 드라이브와 지령값, 피드백 값을 주기마다 주고 받는 것이 가능한 것과 양자를 정확하게 동기시켜서 지배하에 있는 모든 드라이브를 동기시킬 수 있는 것이 있다.

|표 8-4| SERCOS 사양

사 양	내 용
규격	IEC 61491
전송방식	베이스밴드 방식(NRZI)
통신 토폴로지	광 링
통신속도	2/4/8/16Mbps
전송거리	노드간 40m(플라스틱 섬유) 노드간 200m(유리 섬유)
노드의 수	최대 254국

응용사례

소형 모터를 이해해 잘 사용하기 위해서는 각종 소형 모터의 상위(相違)나 다른 액추에이터와 비교한 경우의 이점·결점을 알아둘 필요가 있다. 이를 위해서는 여러 가지 용도의 응용사례를 참고하여 선정의 기본을 아는 것이 빠른 길이다.

소형 모터는 일상과 가까운 가전기구나 자동차 등의 내부 그리고 이것들을 제조하는 설비 등 많은 분야에서 사용되고 있다. 소형 모터를 잘 사용함으로써 장치의 신뢰성이나 보전성이 향상하는 경우가 있고, 또한 용도에 따라 소형 모터를 사용하지 않으면 성립되지 않는 것도 많다.

본 장에서는 제조설비·가전제품·자동차·정보기구에 대해서 응용사례를 들고 해설할 것이다.

Section 1 제조설비에의 응용

　제조설비란 넓게는 공장에서 물건을 만들 때 사용하는 기계설비류의 전체를 가리키며, 작게는 핸드 툴의 종류부터 크게는 크레인 등의 구조물까지에 이른다. 또한, 그 설비로 만드는 제품의 성질이나 수량, 가격대에 따라 제조설비에도 각종의 것이 있으며, 그것들에게도 소형 모터가 많이 사용되고 있다.

　먼저 제조설비에 소형 모터를 이용하는 것에 의한 이점과 결점을 설명하고, 각 절에서는 각종 제조설비에의 응용사례를 소개한다.

　제조설비에 사용된 액추에이터로서는 소위 모터 이외에 유압 실린더, 공압 실린더, 원통 코일(솔레노이드), 압력소자(피에조 소자) 등 각종의 것이 있다. 이것들은 각각 특징이 있고 나뉘어 사용되고 있다. 제조설비에 이용되는 경우의 대략적인 특징을 표 9-1에 나타내었다.

|표 9-1| 제조설비의 대표적 액추에이터

종 류	이 점	결 점	주요 용례
소형 모터	• 용도에 맞게 종류가 다양하다. • 제어성이 좋다.	질량에 비해 힘이 약하다.	각종 용도
에어 스핀들	고속회전이 가능하다.	회전수의 제어·응답이 느리다.	드릴, 루터
유압 기기	큰 힘을 얻기 쉽다.	• 유류 누출이 있다. • 보조기기가 크다.	공작기계
공압 기기	싼 가격으로 시공이 용이하다.	• 속도 정밀도가 낮다. • 도중에 정지를 못한다.	조립기계
솔레노이드	작용이 빠르다.	• 속도 조정이 곤란하다. • 도중에 정지를 못한다.	밸브류
피에조 소자	미소(微小)한 작용이 가능하다.	• 고압이 필요하다. • 스트로크가 짧다.	정밀위치 결정

　소형 모터를 사용하는 최대의 장점은 선택 종류가 많다는 것이다. 회전도 직동(直動)도 있고, 위치결정 정밀도를 중시하는 용도에도, 회전수의 안정성을 중시하는 용도에도, 토크 안전성을 중시하는 용도에도 각각 적절한 모터가 선택될 수 있다. 또한, 크기도 휴대전화의 착신 바이브

레이터용의 최소형 모터(100mW 정도)부터 공작기계에 사용하는 큰 모터(10kW 정도)까지 각종으로 공급되고 있어 자유롭게 선택할 수 있다. 게다가 유압 실린더나 공압 실린더에 비해 먼지 발생이나 오일 미스트(oil mist)의 문제가 적은 이점이 있다. 정밀기계나 반도체의 공장에서는 오염이 적을 것이 특히 중시되기 때문에 이들의 설비로는 소형 모터가 많이 이용되고 있다. 이러한 장점들은 보수성(保守性)의 개선에도 연관되어 24시간 조업을 계속하는 설비에도 사용되고 있다.

반면, 아래에 예로 드는 용도에서는 그것에 적절한 액추에이터가 있으며 알맞게 선택해야 한다.

먼저, 증속을 필요로 하는 용도이다. 소형 모터에서는 구조상 수천rpm 이상의 회전수를 얻는 것은 곤란하며, 기어 등으로 증속하는 방법은 마찰에 의한 손실이 크다. 이 때문에 프린트판 구멍뚫기 기계로 대표되는 저토크로 고속회전을 요구하는 용도에서는 일반적으로 에어 스핀들 모터가 사용된다.

극단적으로 큰 추진력을 필요로 하는 경우는 유압기기가 적당하다. 정밀위치결정은 필요하지 않지만 수만N의 추진력을 요하는 잭 등의 용도에서는 유압 실린더를 이용하는 방법으로 쉽게 해결되는 경우가 있다.

단순한 왕복동작을 저가로 실현하고 싶은 용도에는 에어 실린더나 솔레노이드가 적합하다. 에어 실린더는 구조가 간단하며, 공압 배관을 설치하면 용이하게 액추에이터 수를 증가시킬 수 있다. 각종 조립설비 등의 다수의 액추에이터를 조합시키는 기기에는 에어 실린더가 많이 쓰이고 있다. 솔레노이드는 속도제어가 곤란하지만 응답이 빠르고 저가이기 때문에 셔터 기구나 밸브 전환에 많이 쓰이고 있다.

단(短) 스트로크에서의 서브μm 오더의 위치결정에는 피에조 소자가 적합하다. 반도체 제조장치에 있어서 웨이퍼의 휜 정도를 보정하는 기구로는 피에조 소자를 대량으로 사용하고 있다. 또한, 고정밀도 위치결정 스테이지에서는 감속기와 볼나사와의 조합에 의한 위치결정과 피에조 소자를 병용하는 경우가 많다. 감속기구의 거터(gutter)로부터 생기는 백러시를 피에조에 의한 미동기구에 의해 보정하고 있다.

이들 장점과 단점을 익힘으로써 제조설비의 적절한 설계개발이 가능해지고, 좋은 설비가 얻어진다.

Section 2 제조설비에 있어서 모터의 선택

1절에서 설명한 것처럼 모터에는 크기(출력) 이외에 각종 형식의 모터가 있으며, 제조설비에 이용하는 경우 각각 장·단점이 있다. 다음에서 이것들을 정리해서 설명한다.

(1) 유도 모터(4장 참조)

가장 싼 가격에 수명이 긴 모터로, 장시간 회전시키는 용도에 적합하다. 우리 생활 주변에는 냉장고나 선풍기, 환기구 등으로 사용되고 있고 공업용으로도 배기 팬이나 양수 펌프 등으로 많이 이용되고 있다.

슬립(slip)이 있기 때문에 정밀한 속도제어가 필요한 용도나 빈번한 기동정지를 하는 용도에는 적합하지 않다. 제조설비에서는 제어를 특별히 요하지 않는 부분에서 사용되지만, 인버터와의 조합으로 일정범위의 제어가 가능하고 벨트컨베이어나 크레인의 구동 등의 속도제어를 행하는 용도에도 사용된다.

(2) 리버시블(reversible) 모터

리버시블 모터는 유도 모터의 일종이며, 로터의 구조를 바꿈으로써 기동 토크를 크게 하고 있다. 또한, 가벼운 브레이크를 내장하고 있는 것이 많고, 전원차단 후의 타성에 의한 회전을 줄이고 있어 빈번한 기동·정지·역전이 가능한 모터이다.

반면, 발열이 크고 연속회전에는 적당하지 않다. 그렇기 때문에 간헐반송기구의 전송 모터나 대형 밸브의 개폐 액추에이터 등에 사용된다. 또한, 제어가 용이하기 때문에 자동기의 개·폐를 요하는 부분에 사용되는 경우가 있다.

그림 9-1에 일반적인 유도 모터와 비교한 회전수-토크 특성을 나타내었다. 특성을 알기 쉽게 하기 위해 최고 회전수와 최대 토크가 동등하도록 작도하였다. 그래프를 보고 알 수 있듯이, 일반의 유도 모터에 비해 최대 토크는 낮은 회전수에서 발생하고, 또 부하변동에 의한 회전수의 변화는 조금 큰 경향을 보인다.

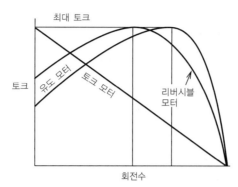

|그림 9-1| 유도 모터의 회전수-토크 특성

(3) 토크 모터

특수한 로터를 이용하는 것으로, 유도 모터이면서 직류 모터처럼 정지 시에 최대의 토크가 발생하며, 전압을 바꾸면 회전수나 토크가 바뀔 수 있는 모터이다.

그림 9-1에 나타낸 것처럼 회전수-토크 특성은 직선적이다. 외부의 힘으로 정지시켜도 토크를 계속 발생시킬 수 있기 때문에 전선을 감은 필름이나 테이프의 텐션 제어에 사용된다.

(4) 싱크로너스 모터(2장 참조)

유도 모터의 농형(籠形) 로터에 요철(凹凸)을 만들거나 영구자석을 매입하거나 해서 정상회전에의 미끄러짐을 방지하는 구조의 모터이다. 이 때문에 정상운전 시에는 전원주파수에 동기된 회전수가 얻어진다.

우리 생활의 주변에서는 타이머 등에 사용되지만 제조설비에서는 정량 토출 펌프 등에 사용되고 있고, 인버터와 병용되는 경우가 많다.

(5) 스테핑 모터(6장 3절 참조)

싱크로너스 모터와 같은 양상의 구조로, 펄스에 동기해서 회전하는 모터이다. 자극의 구조가 특수하기 때문에 펄스당 회전각도가 작고 일정하여, 보통의 동작으로는 슬립(slip)이 생기지 않는다. 그렇기 때문에 모터의 동작을 감시하지 않아도 속도제어나 위치결정 제어가 자유롭게 가능하다. 제어가 용이해서 OA 기구 등에 많이 이용되고 있지만, 제조설비에서는 각종 위치결정 기구에 사용되고 있다. 낮은 가격의 조립 로봇에는 스테핑 모터를 사용한 기종도 있다.

(6) 브러시 부착 직류 모터(6장 1절 참조)

브러시를 사용해 회전 코일에 흐르는 전류방향을 바꿈으로써 회전하는 모터이다. 생활 주변에서는 어린이 장난감이나 휴대전화의 바이브레이터 등에 사용되고 있다. 부하변동으로 속도가 변화하기 쉬운 결점이 있지만, 소형으로 큰 토크가 얻어지기 때문에 제조설비에서는 부품의 척(chuck) 기구 등에 사용되고 있다.

　　브러시가 마모하기 때문에 다른 모터에 비해 수명이 짧다는 결점이 있고, 제조설비에 쓰이는 경우는 구동빈도를 사전에 검토해서 수명을 예측할 필요가 있다.

(7) 서보모터(8장 참조)

　　서보모터는 토크에 여유가 있는 모터에 인코더를 부착해 피드백 제어의 회로에 의해 속도제어나 위치결정 제어를 실현한 모터이다. 브러시 부착 직류 모터를 쓴 DC 서보모터, 브러시 없는 교류 모터를 쓴 AC 서보모터가 있다. 'DC 브러시리스 서보모터'라 불리는 경우가 있지만, 'DC 서보모터와 같은 제어특성을 나타내는 AC 서보모터'나 '배터리 구동이 가능하게끔 공급전원을 직류로 한 AC 서보모터'의 것으로, 실제는 AC 서보모터와 같은 양상의 구조이다.

　　AC 서보모터는 제어성이 좋고, DC 서보모터와 같이 브러시 교환의 수고가 필요없기 때문에 속도제어를 중시하는 용도나 위치결정 정밀도를 요구하는 용도에 널리 이용되며, 산업용 로봇에도 쓰이고 있다.

　　다른 모터에 비해 제어회로가 복잡하기 때문에 가격이 높은 것이 결점이다. 제조설비에 쓰이는 경우는 가격저감의 면에서 스테핑 모터나 인버터 제어의 유도 모터 등에 바꿔놓을 것인가를 검토할 필요가 있다.

(a) 스테핑 모터　　　　　(b) 리버시블 모터 내장의 밸브　　　　(c) 서보모터

│그림 9-2│ 각종 모터의 외관

반도체 제조설비는 클린(clean) 정도에 대한 요구가 극히 높다는 특징이 있다. 그렇기 때문에 일반적인 제조설비에서 많이 쓰이는 에어 실린더는 기피하는 경향이 있고, 장치단가가 비교적 높기 때문에 소형 모터가 많이 사용되고 있다.

그림 9-3에서 반도체 제조 라인에서 실리콘 웨이퍼(silicon waper)를 반송하는 자주식 로봇의 예를 나타냈다.[1] 이 장치는 전후·좌우 회전주행이 자유로운 특수한 대차(臺車)와 클린 사양의 6축 수직 다관절 로봇을 조합한 것이다. 이 대차에는 감속기를 직결시킨 150~200W의 AC 서보모터를 3축 가지며, 횡방향으로 자유자재로 회전하는 롤러를 장치한 특수한 바퀴와 조합된 것으로, 임의의 방향에의 주행을 실현하고 있다.

이 기구에서는 바퀴의 속도비가 주행방향을 결정하기 때문에 속도비를 일정하게 유지하며, 대차의 위치결정 정밀도를 확보하기 위한 서보모터를 필요로 한다. 또한, 클린 룸(clean room) 내에서의 먼지 발생을 최소화하기 위해 DC 서보모터를 피하며, AC 서보를 선택하고 있다.

DC 서보모터에서도 통상 운전 시에는 먼지 발생의 문제가 없지만, 내부의 브러시가 마모하기 때문에 정기적인 브러시 교환이 필요하고, 이때 마모분(摩耗粉)이 클린 룸 내에서 흩날릴 우려가 있다. 그렇기 때문에 반도체 제조설비에서는 브러시 부착 모터는 기피한다.

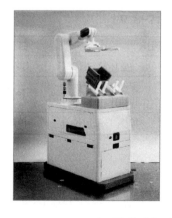
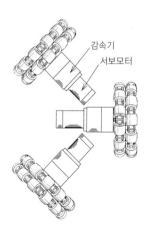

감속기
서보모터

│그림 9-3│ 자주식 로봇 및 대차(臺車) 구조

같은 양상의 이유로 머니퓰레이터(manipulator) 부분의 구동도 AC 서보모터이지만, 핸드 부분의 척(chuck) 구동 모터는 워크(work)의 착탈 시에만 구동하는 간헐동작이기 때문에 통전시간이 짧고, 또 유닛 교환이 용이해 싼 가격인 경량의 직류 모터를 사용하고 있다.

그림 9-4에서 반도체의 실리콘 웨이퍼를 세정하는 실험장치의 예를 나타냈다.[2] 이 장치는 원반 모양의 실리콘 웨이퍼를 척으로 붙잡아 회전시키면서 상하로부터 희산 등의 세정액이나 초순수(超純水), 건조질소를 흐르게 해 세정·건조하는 스핀 매엽(枚葉) 세정이라 부르는 형식의 장치이다.

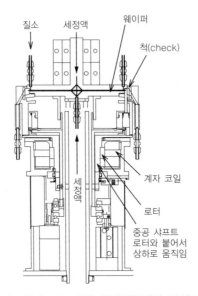

|그림 9-4| 매엽 세정실험장치 단면도

스핀 매엽 세정장치를 개발할 경우, 항상 유체의 도입구(導入口)를 어떻게 할 것인가가 문제이다. 회전축을 공동(空洞)으로 해서 배관을 통해 모터를 회전축에 인접해서 설치해 기어 또는 벨트로 회전을 전달하면 간단하다. 그러나 세정장치 내부는 부식성의 약품분위기에 방치해 두는 경우가 많고, 그럼에도 불구하고 세정장치는 먼지 발생을 극도로 피해야 하기 때문에 웨이퍼 근방에서의 기어나 벨트는 꼭 피해야 한다.

이 장치에서는 중공의 모터를 다이렉트 드라이브를 써서 배관과 지주를 모터 중심에 통하게하고 있다. 중공(中空) 모터로서는 신메이와(新明和) 공업(주) 제품의 코어리스 모터를 쓰고 있다. 이 모터는 자계 코일과 중공 로터가 공급되어 프레임이나 축받이는 사용자가 준비한다. 사용자의 자유도가 높은 점을 이용하여 로터부분과 계자 코일이 축방향으로 이동하도록 프레임을 설계하고 있다.

이것에 의해 웨이퍼 척의 상하운동과 선회(旋回)를 실현할 수 있고, 장치의 프레임과 일체인 콤팩트한 설계이다. 이 중공 모터를 사용할 경우 주의할 사항은 모터의 프레임 설계를 사용자가 행할 필요가 있기 때문에 방열설계가 필요한 것 등 설계의 부하가 높다는 점이다.

그림 9-5는 히타치전기(日立電氣)(주)제의 반도체 웨이퍼 카세트 반송장치인 클린 라이너의 사진이다. 이 장치는 공기부상의 레일 안에서 유도 타입의 리니어 모터를 각 정지 스테이션의 전후에 2대씩 설치하여 이동체의 저판(底板)을 리액션 플레이트로서 간헐구동에 의해 주행하는 모노레일과 같은 반송기구이다.

이동체는 레일에서 공기부상에 의해 0.5mm의 높이로 떠 있고, 비접촉이며 무접동이다. 리니어 모터도 브러시 등이 없는 유도 모터이고, 접촉부가 없다. 이 때문에 기구 전체에 접동부(摺動部)가 없으며, 먼지 발생이 지극히 적게 일어난다.

속도제어는 유도 모터와 인버터의 조합에 의한 속도제어를 이용하고 있다. 유도 모터는 다른 모터에 비해 이동체와 코일의 위상에 의하지 않고 추진력을 발생하기 때문에 구동구간과 타성 주행구간 경계에서의 가·감속이 급히 이루어지지 않고, 웨이퍼는 여분의 진동을 주지 않으며 끝난다.

|그림 9-5| 클린 라이너 외관

Section 4 로봇에의 응용

산업용 로봇(머니퓰레이터)에는 자세제어나 속도제어를 행하기 때문에 AC 서보모터가 사용된다. 보통 산업용 로봇은 티칭플레이백(teaching playback)이라 불리는 방식으로 제어되고 있다. 이 방식은 미리 작업의 위치를 축차교시(逐次敎示)하며, 제어장치가 그때의 자세를 기억해서 작업 시에 서보모터의 각도를 재현함으로써 각종 작업을 하는 것이다.

이 외에 화상인식에 의한 좌표보정의 병용이나 힘 센서 병용에 의한 힘제어를 이용한 산업용 로봇도 있다. 그림 9-3에 나타낸 실리콘 웨이퍼 반송용의 자주(自走) 로봇에도 대차(臺車) 정지위치의 오차를 화상계측에 의해 측정하고 좌표보정을 행하는, 이재(移載)하는 기능을 넣은 것이다.

그림 9-6과 그림 9-7에서 힘 센서를 이용한 힘제어의 예를 나타냈다.

대상 워크는 3차원 형상의 날개 표면을 가지는 대형 날개형상 부분이다. 종래의 제작공정에서는 NC 기계에 의해 절삭가공한 뒤 가공면의 마무리로서 숙련작업자에 의한 수작업 마무리가 필요했다.

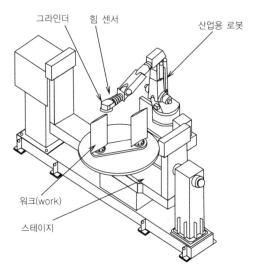

|그림 9-6| 가상 컴플라이언스 로봇

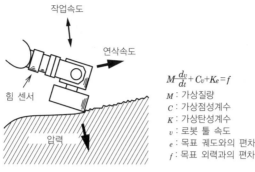

작업속도

연삭속도

힘 센서

압력

$$M\frac{dv}{dt} + Cv + Ke = f$$

M : 가상질량
C : 가상점성계수
K : 가상탄성계수
v : 로봇 툴 속도
e : 목표 궤도와의 편차
f : 목표 외력과의 편차

|그림 9-7| 그라인더 주위의 힘

이 작업은 그라인더가 발생하는 진동 및 분진으로 작업환경이 나쁘며, 자동화가 절실히 요구되고 있다.

그래서 산업용 로봇에 힘 센서를 편입하여 워크(work)의 자유곡면에 대한 압력을 가상 컴플라이언스(compliance) 제어에 의해 컨트롤하는 시스템을 확립했다. 여기서 말하는 가상 컴플라이언스란 산업용 로봇의 손목부분에 설치된 힘 센서에 의해 가공 툴의 반력(反力)을 검지(檢知)하며, 로봇의 위치·자세 데이터와 함께 컴퓨터에 의한 계산으로 질량·탄력특성·점성을 가상적으로 만들어내, 도구인 그라인더의 워크 면에 대한 압력을 제어하는 것이다.

가상적인 탄성계수를 크게 한다면 워크의 치수보다 로봇 내부의 좌표계를 중시한 가공이 되며, 탄성계수를 작게 한다면 로봇의 좌표계보다 워크의 실제 치수에 맞는 가공이 된다. 또한, 가상적인 점성항(粘性項)을 크게 하면 미세한 요철(凹凸)에 둔하게 반응하기 때문에 평탄하게 가공하지만, 점성항을 작게 하면 충실하게 요철을 따르는 연삭이 가능해진다.

본 제어에 의하면 워크 면에 툴을 누르는 힘을 유연하게 제어할 수 있기 때문에 작업자가 그라인더를 가지고 작업하는 것과 같은 작업을 산업용 로봇으로 실시하는 것이 가능해진다. 또한, 이 제어방법을 실용화하는 데 있어서 누르는 힘과 연삭속도의 상관성 및 그라인더 이동방향 전환 시의 가공조건 등 여러 가지 기술적 과제를 해결함으로써 요구되는 마무리면 정도(精度)를 만족하게 되었다. 이것에 의해 산업용 로봇의 팔과 워크 간섭을 일으키는 위치나 높은 위치결정 정도를 요구하는 날개 끝부분을 제거하고, 날개면 대부분의 마무리 정도가 자동화되었다.

Section
5 프린트 기판 제조설비에의 응용

프린트 기판 제조설비는 큰 면적의 기판에 0.1mm 정도의 가공을 시행하기 때문에 일반 공작 기계와는 다른 특징을 가지고 있다. 특히 프린트판 구멍뚫기 기계는 단시간에 다수의 구멍을 가공하기 때문에 고속전송과 위치결정 정도의 양립에 특화(特化)된 사양을 가진다.

그림 9-8에서 대표적인 다축기판 구멍뚫기 기계의 예로서, 6축 동시가공으로 690×533mm 의 가공공간을 가지는 대형 기판 대응 기종의 외관을 나타냈다. 이들 프린트판 구멍뚫기 기계는 ∮ 0.1~6.35mm의 미세한 구멍을 고속으로 드릴 가공하기 위해 에어 스핀들 모터라 불리는 고속회전을 중시한 모터를 사용하고 있다. 이 구멍뚫기 기계에는 표준으로 매분 16만 회전하는 스핀들을 탑재하고 있다.

|그림 9-8| 대형 기판 대응 6축 구멍뚫기 기계

스핀들 모터란 매분 수만에서 수십만 회전에 달하는 초고속회전을 하는 모터로, 축받이 부분에는 공기축받이나 자기축받이 등의 비접촉 축받이를 이용하며, 강력한 냉각기구를 갖춘 공기압에 의한 터빈 모터이다.

이와 같은 고속회전을 소형 모터로 실현하려면 다단(多段)의 기어에 의한 증속기구가 필요하나 기어의 마찰손실이 너무 크게 되어 실용적이지 않다.

이 외에 큰 면적의 프린트판에서 효율 좋은 다수의 구멍뚫기 가공을 하기 위해 고속으로 응답이 빠른 위치결정 기구가 사용되고 있다. 이 구동은 비교적 리드가 큰 볼 나사기구와 고속회전에 적합한 서보모터의 조합으로 실현되고 있다. 워크(work)를 구동하는 XY 테이블은 최고 50m/min의 전송속도와 ±5μm의 위치결정 정도(精度)를 양립시키고 있다.

근년에는 휴대전화나 모바일 기구 등 소형의 고밀도 프린트 기판이 늘고 있고, 고속 미세가공의 필요로부터 레이저 가공기가 사용되게 되었다.

그림 9-9는 프린트 기판용 CO_2 레이저 가공기의 예이다. 이 장치에서는 최소 ϕ0.07mm 구멍을 가공할 수 있으며, XY 전송속도는 6축 구멍뚫기 기계와 같은 모습으로 50m/min이다.

LC-1C21/1C

|그림 9-9| 히타치 고정도 이산화탄소 레이저 가공기

Section 6 가전제품에의 응용

1 가전제품과 모터

가전(家電 : 냉장고, 세탁기 등)과 모터의 관계에 대해서 살펴본다.

오늘날의 파워 일렉트로닉스의 발전 이전에는 클리너(전기청소기)의 위상제어 이외에는 유도 모터의 온·오프 제어이며, 제품 품질을 높이는 수단이 모터나 그 제어의 역할이 아니었다.

가전제품의 가변속화를 추진한 견인역(牽引役)이 가정 내에서 가장 전기사용량이 많은 룸 에어컨이다. 저가화·소형화의 인버터 기술에 더해 룸 에어컨의 압축기 구동기술을 통해 다음 주요한 기술이 개발되어 가전 모터 드라이브의 기초가 되었다.

① 영구자석 동기 모터의 위치 센서리스 120° 통전제어기술
② 저속역의 운전범위 확대를 위한 반복제어에 의해 압축기의 맥동 토크와 모터 토크를 일치시켜서 진동저감을 실현한 위치 센서리스 토크 제어기술
③ 전원고조파전류의 저감과 함께 에너지 절약, 고능력을 실현한 PAM 제어기술

다른 가전제품의 인버터에 의한 가변속화는 조용함, 건강, 가사경감 등 생활 레벨의 향상지향에 더해서, 특히 에너지 절약의 필요성이 부각되게 된 후 급속히 추진되었다. 냉장고, 세탁기, 클리너, 우물 펌프, 공기청정기, 선풍기 등이 있다.

표 9-2에서 가변속화의 효과가 큰 가전제품을 다루어 모터와의 관련을 나타내었다.

어느 쪽 제품에 있어서도 공통으로 에너지 절약·저소음이 요구되고, 모터는 효율을 중시해서 고성능 자석에 의한 동기 모터가 주류를 이룬다.

클리너의 경우 운전시간이 짧기 때문에 에너지 절약보다 배터리 구동방식에 있어서의 저손실화가 큰 과제이다.

│표 9-2│ 가전제품과 모터

제품과 모터	주요 품질항목	적용 모터의 종류	모터 출력(일례)	회전수 [rpm] (일례)
룸 에어컨 • 압축기 • 실외 팬 • 실내 팬	• 에너지 절약 • 고난방 능력 • 저소음 • 쾌적성 : 공기질 향상 • 청결 • 탈 프론, 리사이클	• 유도 모터의 온·오프 ↓ • 영구자석 동기 모터	1.2kW	2,000 ~7,000
냉장고 • 압축기 • 냉장고 내 팬	• 에너지 절약 • 저소음 • 신선도 보존 • 탈 프론, 리사이클	• 유도 모터의 온·오프 ↓ • 영구자석 동기 모터	300W	1,600 ~4,800
세탁기 • 세탁/탈수	• 세정력, 헹구는 힘 • 옷감 마모·파손 • 절수/절시간 • 저소음/저진동 • 에너지 절약	• 유도 모터의 온·오프 ↓ • 영구자석 동기 모터	300W	200 ~900
클리너(전기청소기) • 팬	• 바닥면에 적합한 흡입력 • 소형화/경량화 : 취급성 향상 • 저손실화 : 배터리 구동 등 • 저소음	• 교류정류자 모터 교류위상제어 ↓ • 영구자석 동기 모터 (일부 메이커)	100W	10,000 ~35,000
우물 펌프 • 물 펌프	• 에너지 절약 • 저소음 • 소형화	• 유도 모터의 온·오프 ↓ • 영구자석 동기 모터 (일부 메이커)	200~750W	2,000 ~3,600

② 가전제품의 모터 제어상의 특징

　표 9-3에는 각 가전제품의 모터 제어상의 특징으로서 상위 제어계와 지령량, 부하의 종류를 나타내었다. 에어컨은 냉매압축기 부하로 실내온도제어의 속도지령이 주체가 된다. 일단 기동하면 압축기의 토출압력과 흡입압력 차로 대강 비례한 부하 토크가 모터에 걸린다. 또한, 관성력은 거의 없기 때문에 감속은 모터 브레이크 토크가 필요없다. 냉장고도 마찬가지이다.

　세탁기는 세탁(및 헹굼) 모드와 탈수 모드로 운전법이 나뉜다. 세탁 모드는 저속 큰 토크로, 모터의 전압을 일정하게 정역전(正逆轉)을 빈번하게 반복한다. 탈수 모드는 기본적으로는 관성 부하이며, 포(布) 밸런스를 유지하면서 단계적으로 속도를 올려간다. 정지 시에는 관성 에너지가 회생전력이 되어 인버터의 직류전압이 상승하지 않도록 고려하고 있다.

　클리너는 팬에서 부압(負壓)을 만들어 공기와 함께 쓰레기를 흡입한다. 바닥면에 맞게 최적의 압력 혹은 풍량제어계로 속도가 결정된다. 우물 펌프는 기본적으로는 2승 부하특성이며, 펌프 토출력이 일정해지도록 속도지령이 만들어진다.

|표 9-3| 가전제품의 모터 드라이브 특징

제품과 모터		상위계 및 지령	치부하 특성
룸 에어컨 (압축기)		• 실온제어, 제습운전계 등 • 속도지령	대략 정(定) 토크 부하(토출/흡입 압력차) • 기동 후 속도 상승과 함께 부하대(大)
냉장고(압축기)		• 냉장고 온도제어, 제습운전, 급속 냉각계 등 • 속도지령	대략 일정 토크 부하
세탁기	세탁 모드	• 세탁제어계(시퀀스) • 정/역전, 전압지령	n승 부하 • 세탁물 증가로 속도저하(옷감 마모·파손)
	탈수 모드	• 탈수제어계 • 단계적 속도지령	일정출력 → n승 부하 • 탈수가 진행됨에 따라 부하경감
클리너		• 압력 혹은 풍량 제어계 • 속도지령	n승 부하(1장 2절 참조)
우물 펌프		• 압력 일정제어계 • 속도지령	n승 부하(1장 2절 참조)

Section 7 에어컨과 냉장고에의 응용

1 모터와 에어컨, 냉장고

에어컨이나 냉장고는 에너지 절약 및 전원고조파전류의 저감이 강하게 요구되고 있다. 이것들은 모터와 그 드라이브의 성능에 의존하는 경우가 많고, 어느 쪽도 열교환기 냉각용 팬과 압축기에 모터가 사용되고 있다. 에어컨 팬 모터에는 과거 유도 모터의 권선 탭 전환이나 교류위상 제어 등으로 가변속이 행해지고 있었다. 여기에 위치 센서를 부착함으로써 고효율의 영구자석 동기 모터로 변하고 있고, 최근에는 소음 저감화를 위하여 120° 방형파(方形波)에서 180° 사인파로 구동방법이 변화하고 있다.

압축기용 모터는 과거에 한 두 메이커 외에는 거의 다 유도 모터였는데 현재에는 에너지 절약 문제 때문에 전 메이커가 고효율 영구자석 모터로 바뀌고 있다. 이 구동방법으로서 통전형태는 120° 방형파 구동이 주류이지만, 결국은 180° 사인파 구동으로 이행해 간다고 생각된다. 또한, 압축기 체임버 안은 고온도·고압력이기 때문에 위치 센서리스법(3장 7절)이 채용되고 있다. 여기서는 공통기술로서 역률개선법과 PWM/PAM 제어법에 대해서 설명한다.

2 전원고조파전류의 저감(역률개선법)

일반적으로 인버터는 교류를 정류해서 직류전원을 만든다. 이 정류회로는 콘덴서에 의해 평활(平滑)한 상태이기 때문에 전원전류는 사인파 전압의 파고치(波高値) 부근밖에 흐르지 않는 펄스상의 파형이 된다.

이와 같은 파형은 고조파전류를 많이 포함하여 역률(유효전력/전압과 전류의 곱)이 악화한다. 이 때문에 무언가 대책을 세우지 않으면 전압의 일그러짐(distortion)이 일어나거나 에어컨에서는 15A나 20A의 전류용량을 가진 콘센트에서 유효한 전력을 100% 사용하지 못하며, 난방능력이 증가하지 않는 등의 문제가 생긴다.

그림 9-10에서 2가지의 역률개선회로와 전원전류파형의 비교를 나타냈다. 그림 (a)는 인버터 에어컨 발매 당초부터 채용되고 있는 방식으로, 리액터와 콘덴서에 의한 수동 필터 방식이다. 이 방식에는 90% 정도밖에 역률이 얻어지지 않는다. 이에 비해 100%에 가까운 역률이 확보될

수 있는 방식이 그림 (b)의 승압 쵸퍼 회로에 의한 방식이다. 이것에 의해 전원고조파 문제의 대응, 난방능력증강에 의한 에어컨의 한냉지에서의 이용이 가능하게 되었다.

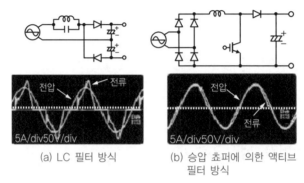

(a) LC 필터 방식   (b) 승압 쵸퍼에 의한 액티브 필터 방식

|그림 9-10| LC필터 방식과 액티브 필터 방식의 비교

그림 9-11은 승압 쵸퍼 회로의 예이다. 직류전압과 설정전압이 일치하도록 사인파 패턴의 크기를 바꿔서 전류지령으로서 검출한 전원전류와 일치하도록 쵸퍼 통전율을 결정한다.

승압 쵸퍼 회로는 역률개선에 큰 효과를 얻게 하는 반면, 20kHz에서의 스위칭이 필요하고, 그 구성부품인 리액터, 트랜지스터, 다이오드에 의한 손실이 발생하며, 효율이 저하된다. 이 손실증가를 인버터나 모터의 손실을 낮추어 시스템 전체에의 효율향상을 목적으로 속도제어를 행하는 방식이 PWM/PAM 제어이다.

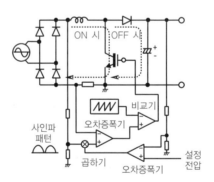

|그림 9-11| 승압 쵸퍼 구동법

3 PWM / PAM 제어

승압 쵸퍼 회로에 의해 직류전압의 조정이 가능한 것, 그리고 120° 방형파 구동에서는 모터 전류파형 사인파화를 위한 PWM 제어가 필요하지 않고, 단지 모터 전압의 크기만 제어가능하다면 된다는 것을 이용하여 속도역에 의한 전압제어법을 사용하는데, PWM과 PAM으로 나누어진다.

저속영역에서는 승압 쵸퍼 회로는 직류전압이, 예를 들면 150V로 일정하도록 제어해서 속도는 인버터측의 PWM 제어에 의해 행해진다.

이때 인버터 입력직류전압이 낮기 때문에 인버터 손실의 저감 또는 PWM 제어에 있어서도 OFF 시간이 짧기 때문에 모터 전류의 PWM 리플이 낮아지고, 그것에 따라 동손의 저감이 도모될 수 있다. 또한, 승압회로의 승압률도 낮기 때문에 손실증가를 억제하는 것이 가능하다.

고속영역에서는 인버터 PWM 제어를 멈추고 120° 전역통전의 상태에서 승압 쵸퍼 회로에 의한 직류전압을 조정해서 속도제어를 행한다.

이것으로써 승압회로의 손실증가분을 인버터의 스위칭 손실 저감 및 PWM의 전류 리플 제거에 의한 모터 동손실 저감에 의해 도울 수 있다.

이 직류전압과 인버터 PWM측의 통류율을 모터 회전수에 대해서 나타난 일례를 그림 9-12에서 나타내었다. 또한, PAM과 PWM의 전환룰에 대해 에어컨에서의 예를 그림 9-13에 나타냈다.

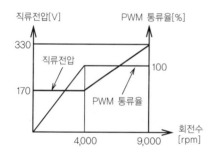

| 그림 9-12 | 직류전압과 PWM 통류율

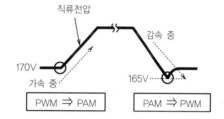

| 그림 9-13 | PWM/PAM 전환조건

Section 8 전기청소기에의 응용

　전기청소기는 1907년에 크래이머-스팽글러(Kramer-Spangler, 미국)에 의해 소형 모터 부착 가정용 청소기가 발명되어 1910년에는 현재의 주류인 캐니스터(canister) 타입이 특허화되었다. 일본 내에서는 1950년대에 제품화되었다. 전기청소기는 소형 모터의 축단에 터보 팬을 직결하여 케이싱 내에 디퓨저를 설치해 전동송풍기로 하며, 바람의 흡입측에 호스와 흡입구(吸入口)를 설치하고, 흡입구에는 회전 브러시를 설치해서 집진성능을 향상하는 구성으로 되어 있다. 전기청소기의 요구사항은 주거환경의 변화로 다양화되었지만, 기본 요구사항은 큰 흡입력, 소형 경량, 정음(靜音)운전과 깔끔한 배기이며, 전동송풍기로서의 모터는 고효율화이다.

1 원리와 구성

　그림 9-14는 전기청소기용 모터의 변천을 나타낸 것이다. 전동송풍기는 고속화와 출력증가가 도모되고 있다. 그림 9-15는 캐니스터형 전기청소기의 본체 단면도이고, 그림 9-16은 모터의 단면구성이다. 또 그림 9-17은 청소기용 모터로서 입력 1,000W기의 외관이다.

　전기청소기는 공기를 흡인해서 먼지를 청소기 내의 집진부(集塵部)에서 수납 가능한 구성으로 되어 있다.

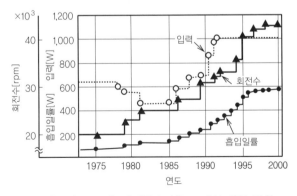

|그림 9-14| 전기청소기용 모터의 사양 변천

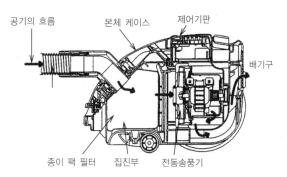

|그림 9-15| 전기청소기용 모터의 일례 단면도

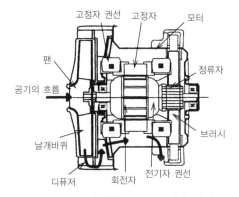

|그림 9-16| 전기청소기용 모터의 단면구성도

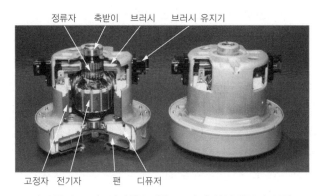

|그림 9-17| 전기청소기용 모터의 부분단면과 외관

전기청소기의 모터 부하는 집진부의 먼지량이 적으면 통기저항이 작기 때문에 흡인력이 크게 된다(부하대(負荷大)). 반대로 먼지의 양이 많으면 통기저항이 크게 되어 흡인력이 저하하는(경부하(輕負荷)) 것이 특징이다.

이 때문에 먼지의 양이 많은 경우에도 강한 흡인력을 유지하기 위해서는 경부하로 모터의 회전수를 증가시킬 필요가 있다. 이와 같은 부하의 특징에 대응할 수 있는 소형 모터는 단상 교류

정류자 모터(유니버설 모터, 6장 2절 참조)이다. 유니버설 모터는 계자권선과 전기자 권선이 회로적으로 직렬이 되고, 경부하에서는 고속회전, 고부하에서는 저속회전의 직권특성을 가지는 고유의 특성으로인해 전기청소기용 모터에 적합하다.[3]

청소대상 면에는 마루, 다다미, 카펫(털길이의 장단 있음) 등이 있으며, 그 대상 면에 의해 청소기의 흡인력을 제어하고 있지만 흡인력의 제어는 모터의 회전수를 바꾸고 있다. 즉, 저속회전으로는 흡인력이 작고, 고속회전으로는 흡인력을 크게 할 수 있다. 제어회로는 파워 소자에는 트라이액이 사용되며, 게이트 신호에 의한 전류위상을 제어하여 모터에서 인가된 전압의 크기를 바꿀 수 있는 구성으로 되어 있다(그림 6-6). 특히 최근의 경향으로서 흡입력 증가를 위한 흡입일률을 향상시키는 기술개발이 추진되어 왔지만, 그 후 흡입공기를 순환하는 배기순환방식의 청소기가 일부 제품화되었다. 그러나 흡입공기를 순환하기 위해 공기의 온도 상승이 높아지기 때문에 모터 입력은 종래의 1,000W부터 600W 이하의 저입력 모터로 변하고 있다. 이 때문에 현재는 고흡입일률의 입력 1,000W 클래스와 저입력 600W 클래스의 기종이 제작되고 있다. 또한, 최근에는 배터리 성능의 향상과 함께 코드리스 청소기도 제품화되고 있다.

❷ 고효율화

전기청소기용 모터인 유니버설 모터의 특징은 모터에의 인가전압을 변하게 함으로써 회전수를 용이하게 제어할 수 있는 것이며, 직류 모터와 같이 정류자와 브러시가 존재하는 것이다. 이 때문에 브러시의 수명이 제품의 수명을 좌우한다고 해도 과언이 아니다. 그러므로 모터는 브러시의 수명을 유지해 가면서 고효율화를 도모하고 있다.[4]

모터의 고효율화는 모터의 몸통을 증가시키지 않고 고속화하는 것에 의해 실현되어 왔다. 즉, 고속화함으로써 전기자 권선, 계자권선의 권수를 줄여서 권선의 선경(線徑)을 증가시켜 동손실을 저감하고, 브러시의 저저항화, 정류자 외경의 소경화(小徑化)로, 브러시 전기손실과 마찰손실을 저감, 그리고 철손실이 낮은 코어재의 채용 등으로 모든 손실을 저감하고 있다. 청소기용 모터는 10년에 약 10%의 효율향상이 도모되고 있다. 또한, 청소기에서는 팬, 디퓨저도 고효율화가 도모되어 전동송풍기 효율이 향상되고, 본체손실 저감구조에 의한 총합력으로 흡입일률이 증가하고 있다.[2]

❸ 인버터 구동의 청소기

유니버설 모터 대신 영구자석 동기 모터를 인버터에서 구동하는 인버터 구동의 전기청소기도 일시적으로 제품화되었다(1991년). 현재 새로이 배기순환방식용의 인버터 구동 청소기와 배터리 구동의 인버터 청소기가 제품화되고 있다. 이후 가격저감의 동향으로 인버터화가 추진될 가능성이 있다.

Section 9 세탁기에의 응용

세탁기는 1920년대에 세탁조(槽)가 있어 모터로 세탁물을 교반(攪拌)하는 방식이 발명되었고, 원심탈수기가 1880년에 발명되어, 널리 채용되게 된 것은 1960년대 이후이다. 세탁기는 당초에는 일조식(一槽式)이었지만 그 후에 2조식으로 변하는 등의 변천을 거쳐, 1970년경부터 현재의 일조식 전자동 세탁기가 보급되게 되었다.

모터는 최근까지 단상 유도 모터가 사용되었다. 그러나 지구환경문제가 일어나고 에너지 절약을 도모하기 위한 인버터 구동이 도입되어, 세탁기용 모터도 유도 모터부터 고효율의 영구자석 동기 모터가 제품화되어 현재의 주류가 되었다.

1 세탁기의 구성

세탁기용 모터의 기본요구사항으로는 고효율화, 저토크 맥동화, 편평 모터화, 소형 경량화, 고역률화 등을 들 수 있다.

그림 9-18은 현재 표준적인 세탁기 구조이다. 세탁조가 세로형의 경우 회전날개(펄세이터 : 고동장치)를 바닥부분에 설치해 세탁할 때와 헹굴 때 펄세이터(pulsator)로 세탁물을 교반하지만, 회전날개는 모터로 구동된다. 또한, 탈수 시 모터와의 접속을 클러치로 회전날개로부터 탈수조에서 전환시켜 탈수조를 고속회전시키고 원심력에 의해 수분을 제거하는 구성으로 되어 있다.

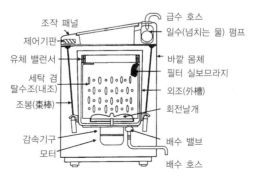

|그림 9-18| 세탁기의 구성

181

그림 9-19는 현재 제작되고 있는 세탁기의 구성이다. 구동 모터에 단상 유도 모터를 사용한 기종과 영구자석 동기 모터를 사용한 기종이 있다. (a)는 종래 구조의 단상 유도 모터를 이용한 경우로서, 모터를 일정속도로 하기 위해 세탁 시에는 모터의 축단에 설치한 풀리(pulley)와 기어로 감속하고, 탈수 시에는 클러치에 의해 펄세이터와 세탁조의 구동을 전환시키고 있다.

그러나 최근에는 (b), (c)에 나타낸 인버터에 의해 가변속화하고, 풀리를 사용하지 않는 구성이 적용되고 있다.

(b)는 세탁 시와 헹굼 시에 동축감속(同軸減速) 기어를 끼우고 펄세이터를 구동하며, 탈수 시는 클러치로 모터 축과 탈수조를 직결해서 다이렉트 드라이브하는 방식이다. 이 구성은 소형 경량화가 도모되어 고효율 시스템이지만 약간의 기어 소음의 문제가 있다.

(c)의 경우는 세탁 시와 탈수 시에는 클러치로 전환하지만 감속 기어를 설치 안 한 다이렉트 드라이브 방식이다. 이 방식은 기어 등을 일체 사용하지 않기 때문에 소음이 작으나 세탁 시의 모터 회전수가 저속이기 때문에 모터 몸체가 크고, 효율도 낮은 경향이 있다.

구 분	감속기 부착방식		직접 구동방식
감속수단	감속 기어와 풀리	감속 기어(동축)와 연결	불필요
모터	단상 유도 모터	다극·내전형 영구자석 계자동기 모터	다극·내전과 외전형 영구자석 계자동기 모터
모터 몸체	○		△
세탁기 소음	△	△	○
소비전력	△	○	△
세탁기의 구성	(a) 단상 유도 모터	(b) 영구자석 계자동기 모터	(c) 영구자석 계자동기 모터

| 그림 9-19 | 세탁기의 각종 구성

그림 9-20 (a)는 그림 9-19 (b)에 나타낸 구동 시스템으로 한 경우의 모터 회전속도와 토크의 관계를, 그림 9-20 (b)는 그림 9-19 (c)의 구동 시스템의 모터 회전속도와 토크의 관계를 나타내고 있다.

특히 구동 시스템 (c)의 경우 세탁 시와 탈수 시에 모터 회전수가 3배 이상의 차이가 생기기 때문에 탈수 시에는 영구자석의 자속량을 감소시키기 위한 약계자제어(弱界磁制御)가 필요해진다.[5]

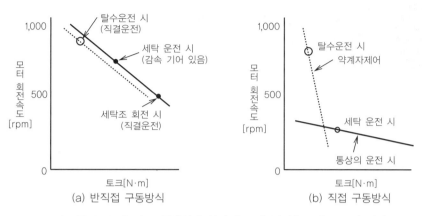

|그림 9-20| 각 구동방식에 있어서 모터 회전속도와 토크의 관계

② 저진동·저소음화

세탁기의 세탁조는 탈수 시 세탁물을 넣은 상태에서 회전수를 탈수가능한 회전수까지 증가시키기 때문에 진동억제를 위해 여러 가지 고려가 이루어진다. 모터는 기본적인 가진원(加振源)이 되기 때문에 무부하, 부하 시 모두 모터의 전자기적인 가진원력을 발생시키지 않는 것이 중요하다. 이 때문에 영구자석 동기 모터의 경우에는 코깅 토크(2장 8절)의 저감, 부하 시의 토크 맥동의 저감을 도모할 필요가 있다.

코깅 토크의 저감은 회전자의 극수와 고정자 슬롯수의 최적화, 자극형상·고정자 톱니형상의 최적화, 간극 길이를 크게 하는 등의 대응책이 채용되고 있다(2장 8절 참조). 또한, 부하 시의 토크 맥동 저감은 종래의 120° 통전 인버터를 180° 통전 사인파 인버터로 하고 있는 것이 특징이다. 세탁기 모터에서 펄세이터 구동의 경우 가역회전으로 비교적 큰 토크가 필요하므로, 모터에 위치 센서를 설치하여 빠른 동작으로 대응이 가능하도록 설정되어 있다.

그림 9-21에 구동 시스템(b)의 모터 구성을 나타냈다. 영구자석재로는 페라이트 자석이 사용되며, 회전자 자극수는 10극, 고정자 자극수는 12톱니로 하여 저코깅 토크화를 도모하고 있다.

|그림 9-21| 세탁기용 자석동기 모터의 일례

Section 10 자동차에의 응용

　최근에는 모터를 사용한 자동차라고 하면, 전기자동차나 하이브리드(hybrid) 자동차의 실용화가 큰 화제가 되고 있다. 그러나 자동차에의 모터 적용은 그와 같은 특정 차량만으로 그치지 않는다. 통상 이용하고 있는 일반적인 자동차는 엔진에 의해 구동되지만 모터가 없으면 주행(走行)은 불가능하게 되는 것도 있다.

　예를 들면, 엔진을 시동하기 위해서는 스타터(starter)라는 모터가 불가결하다. 또한, 차 안에서 전기를 이용하기 위해서는 알터네이터(alternator)라 불리는 발전기가 필요하다. 이와 같이 현재의 자동차를 꼼꼼히 조사해 보면 많은 모터가 작동하고 있는 것을 알 수 있다.

　이들 모터를 이용하는 목적들을 크게 분류하면 탑승자의 편리성을 향상시키기 위한 모터, 안전성 향상을 위한 모터, 자동차의 차량성능 향상이나 연료소비량을 저감하기 위한 모터 등으로 나눈다. 그림 9-22에 자동차에서 주로 사용되는 모터를 분류해 보았다.

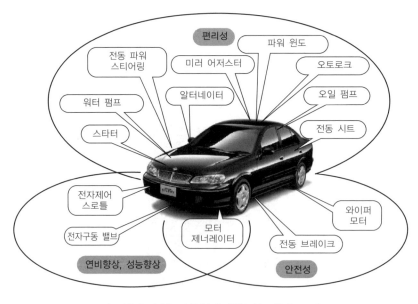

|그림 9-22| 자동차에 사용되는 주요 모터

184

탑승자의 편리함을 향상시키는 것을 목적으로 하는 모터는 자동차에 타는 것 자체를 쾌락하게 해주는 것이고, 여러 가지 장치가 자동차에 장착되어 왔다. 그 대표적인 것으로는 파워 윈도, 미러 어저스터, 전동 파워 스티어링 등이 있다.

안전성 향상을 위한 대표적인 모터로는 오래전부터 사용되어 온 와이퍼용 모터가 있다. 우천 시에 시야를 확보한다는 점에서 안전성의 향상에 기여하고 있다. 이것에 대해 이들 자동차에 보급될 것이 예상되는 모터로서 전동 브레이크가 주목된다. 자동차가 안전하게 주행하고 정지하도록 하는 기능의 성능향상을 보다 높이기 위해서라도 모터가 행하는 역할은 커지고 있다.

모터가 자동차에 대해서 하는 역할 또 한 가지, 즉 차량성능의 향상, 연료소비량의 저감에 대해서는 지구환경문제의 심각화에 따라 그 중요성이 높아지고 있다. 우선, 자동차에 대해서도 지구온난화 방지의 관점에서 보다 연료소비량이 적은 새로운 자동차의 개발이 중요하다. 또한, 도시권을 중심으로 대기오염의 정화를 위해 자동차의 배기에 포함된 탄화수소(HC), 질소산화물(NO_x) 등의 유해물질의 저감이 필요하다. 그 때문에 일본, 미국, 유럽을 시작으로 세계적으로 자동차에 대한 규제가 엄해지고 있다. 예를 들면, 미국 캘리포니아 주에서는 1995년부터 10년 이내에 NO_x는 1/20로, HC는 1/40로 규제된다.

자동차의 유해한 배출 가스를 저감하고, 연료소비량을 저감하는 방법으로 다음을 들 수 있다.

① 차체를 경량화한다.
② 엔진 자체의 연료효율을 향상시킨다.
③ 항상 엔진이 고효율의 좋은 동작점으로 구동이 가능하도록 변속기의 변속비를 최적으로 한다.
④ 차량정지 시에는 엔진을 정지한다.
⑤ 차량의 제동 에너지를 전기 에너지로 변환하여 활용한다.

이 방법들 중 ②에 대해서는 전자제어 스로틀(throttle)을 이용하여 엔진의 최적한 공연비(空燃比) 제어를 실현하는 자동차가 증가하고 있다. 엔진의 흡입과 배기 타이밍을 제어할 수 있다면 엔진 효율을 더욱 향상시킬 수 있기 때문에 전자구동 밸브가 주목받고 있다. ④에 관해서는 스타터 모터의 장수명화를 달성하는 것이 과제로 되고 있다. 또한, ⑤를 실현하기 위해서는 출력이 큰 모터가 필요하며, 스타터와 알터네이터의 기능을 겸한 모터 제네레이터가 유효하다.

그리고 자동차용 배터리 전압에 관한 동향이 주목되고 있다.

자동차에 있어서 전기부하의 증대에 대응하기 위해 배터리 전압을 종래의 12V(충전 시 14V)부터 3배로 하는 세계표준규격이다. 이 규격은 충전 시의 전압부터 42V 전원 시스템이라 불리고 있고, 이에 준거한 자동차가 판매되기 시작하고 있다. 이와 같은 상황을 배경으로 해서 자동차에 사용되는 모터의 수 및 그 총출력은 해마다 증가하며, 자동차에 있어서 모터의 중요성이 높아지고 있다.

Section

11 엔진 시동용 스타터에의 응용

 전기장착품 스타터(starter)와 알터네이터(alternator)는 당초 직류기가 사용되어, 엔진을 시동할 때는 모터로서 동작하고 배터리를 충전할 때는 발전기로서 동작시키고 있었다. 그러나 1960년대에 발전기는 직류기에서 현재의 발톱형 자극구조의 알터네이터가 주류로 되었기 때문에 스타터 모터는 현재에도 브러시 부착 직류 모터가 사용되고 있다. 그 후 와이퍼 모터, 송풍기 모터가 탑재되어, 현재는 쾌적성과 편이성의 추구에 의해 동작이 필요한 곳에는 모터가 많이 사용되어, 자동차 1대당 적어도 20개 이상의 모터가 사용되고 있다. 지금까지의 모터 구동전압은 배터리가 12V계이기 때문에 브러시 부착 직류 모터가 주류로, 당초는 권선계자형이었지만, 현재는 영구자석재의 고성능화에 의한 영구자석 계자형이 채용되고 있다. 전기장착용 모터에의 요구사양으로는 소형 경량화, 저소음화, 저가화가 있다.

1 원리와 구성

 자동차의 엔진은 일정 이상의 회전수로 크랭크 샤프트를 회전시키지 않으면 자력으로 시동하는 것이 불가능하기 때문에, 스타터 모터의 구동 토크를 얻어 엔진을 시동하고 있다.

 스타터 모터는 1911년에 케터링(미국)에 의해 발명되어 1950년에 마그넷 스위치를 조합시킨 현재의 구조로 개발되었다. 스타터 모터의 동작은 마그넷 스위치를 끼워서 12V의 배터리 전압이 모터 단자에 인가되어 모터 회전과 동시에 마그넷 스위치의 동작으로 레버에 의한 피니언 기어를 엔진의 링 기어측에 보내 피니언 기어는 회전하면서 링 기어에 동작하여 엔진을 시동한다. 스타터 모터의 구성은 그림 9-23에 나타낸 것처럼 고정자의 계자극에서 영구자석(페라이트 자석)을 이용한 직류 모터이다.

 전기자의 전 도체수를 Z, 병렬회로수를 $2a$, 극수를 $2p$, 계자극 자속량을 Φ, 모터 전류를 I로 해서 발생 토크 τ는 다음과 같은 식으로 나타낸다.

$$\tau = (Z/2a)\,(p\Phi/\pi)\,I\,[\text{N·m}] \tag{9-1}$$

186

스타터 모터의 발생 토크는 계자극인 영구자석의 자속량과 모터 전류의 곱에 비례한다. 계자극의 자속량은 사용하는 영구자석재에 의해 좌우되지만, 전기자반작용의 증자(增磁)측에 영구자석과 인접해서 보조극이라 부르는 철심재를 설치하는 구성에 의해 고부하측에서의 자속을 증가시켜서 직권특성을 얻고 있다.[6]

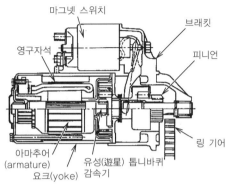

| 그림 9-23 | 스타터 모터의 구성

그림 9-24에 스타터 모터의 특성을 나타냈다. 시동 시 모터 전류는 모터의 전(全)저항으로 결정되는 전류가 흐르고, 회전수의 증가로 유도전압과 균형이 이루어질 때 엔진을 시동하는 회전수가 될 필요가 있다. 그림 9-25는 스타터 모터의 외관이다.

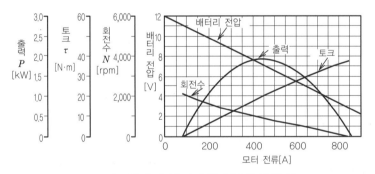

| 그림 9-24 | 스타터 모터의 특성 예

| 그림 9-25 | 스타터 모터의 외관

2 구성에 의한 종류

마그넷 스위치를 설치해서 피니언의 이송기구를 동작시키도록 한 스타터 모터는 감속기의 유무, 그 구성으로 다음과 같이 분류되고 있다.

(1) 컨벤셔널 스타터
모터에 감속 기어를 설치하지 않은 구성이다.

(2) 리덕션 스타터(동축형)
유성(遊星) 톱니바퀴를 사용해 감속 기어를 구성하고, 출력축과 모터축을 동축상으로 한 구성이다. 그림 9-23~25는 이 타입의 예이다.

(3) 리덕션 스타터(2축형)
모터축에 대해 병행으로 출력축을 설치한 구성이다.

3 브러시와 정류자

스타터 모터는 직류 모터이기 때문에 브러시가 기계적으로 접동접촉해서 전류를 회전자도체에 통전한다. 특히 12V, 24V 배터리로 구동하므로 저(低)전압·대(大)전류로 하기 위하여 브러시재(材)로는 카본(탄소)분(粉)과 구리분으로 구성된 저저항(고유저항＝$100\mu\Omega\cdot cm$ 이하)의 금속흑연질 브러시가 사용된다.[7]

정류자의 정류자편(片)은 구리재로 구성되지만, 내열성을 향상하는 경우에는 구리 안에 은을 첨가한 은·동 합금으로 구성하고, 수지(樹脂)로 일체 성형하고 있다.

4 일반적인 유의점

스타터 모터는 직류 모터로서 저전압·대전류이기 때문에 브러시와 정류자의 접동접촉 시 정류 불꽃이 발생하기 때문에 브러시와 정류자에 관한 문제가 발생하기 쉽다. 그래서 모터 설계상으로는 브러시에서의 불꽃 발생을 최대한 억제하기 위하여 정류 코일의 인덕턴스 저감설계와 그 모터에 적절한 브러시 재료의 선정 그리고 브러시를 누르는 스프링 압력의 최적화가 중요하다.

자동차용 발전기에의 응용

알터네이터(alternator)는 자동차용 발전기로서 배터리를 항상 충전하기 위해 설치된다. 구성은 벨트, 풀리(pully)를 끼워서 엔진과 연결시켜 배터리 부하로서 스타터 모터, 램프류, 각종 모터, 점화계, 카 스테레오 등에 전력을 공급한다. 엔진의 회전수는 주행상황에 의해 변화하기 때문에 알터네이터도 풀리비(比)를 곱한 회전수로써 회전수가 변화한다.

이 때문에 발전전압이 변화하지만 내장된 레귤레이터로 항상 배터리 충전전압으로 제어되고 있다. 자동차용 발전기는 당초 직류발전기(다이너모)였지만 반도체 정류소자(다이오드)의 발달로, 1960년대에 알터네이터로 바뀌었다.

그림 9-26은 알터네이터를 부분 절단한 외관구성이다. 그림 9-27은 알터네이터의 고정자와 회전자의 외관이다.

발톱형 자극   계자권선

풀리

|그림 9-26| 부분절단 알터네이터의 외관

전기자 권선   고정자 코어   전파(全波) 정류회로기판

발톱형 자극회전자   자계권선   슬립링

|그림 9-27| 알터네이터의 회전자와 고정자

고정자는 3상의 교류 모터와 동일하므로 분포권의 3상 권선이 고정자 슬롯 내에 권장(卷裝)되어, 그 출력단자는 3상 전파정류회로에 접속되어 교류를 직류로 정류하고, 항상 그 출력전압이 약 14.2V가 되도록 IC 레귤레이터로 제어되고 있다.

회전자는 발톱형 형상으로 N극측과 S극측을 대향(對向)시켜 발톱형 자극의 내주(內周)측에는 자계권선을 링 형상으로 구성하고, N, S를 구성하는 발톱자극 사이에 설치시킨다.

발전원리는 N, S의 발톱형 자극회전자의 회전으로 계자자속을 고정자 권선(전기자 권선)으로 자르고 전기자 권선에 교류의 유도전압을 발생시켜서, 그 출력은 전파(全波)정류회로를 끼고 정류시켜 직류출력으로서 배터리를 충전하는 회로구성으로 되어 있다.

회전자는 회전계자형이 되기 때문에 계자권선에 전류를 통전하기 위해 슬립 링이 설치되고, 브러시를 끼우며 계자권선에 여자전류(勵磁電流)를 흐르게 한다.

엔진 회전수가 변화해도 출력전압이 항상 배터리의 충전전압이 되도록 IC 레귤레이터에 의한 계자전류제어가 행해지고 있다.

Section 13 전기자동차에의 응용

　전기자동차는 배터리에 축적된 전기 에너지를 이용해 주행하는 자동차로서, 배출 가스를 내지 않는 것이 특징이다. 그 때문에 지구환경보전을 위해 그 개발이 가속되어 조금씩이지만 보급이 계속되고 있다. 의외로 전기자동차의 역사는 오래되었으며, 자동차가 발명된 초기 단계부터 이미 전기자동차가 달렸던 실적이 있다.

　먼저, 전기자동차의 구성을 설명한다. 전기자동차와 엔진차의 구동계에 대해 그림 9-28에서 구성방법의 차이를 나타냈다. 통상의 엔진은 지속적으로 회전할 수 있는 범위가 600rpm에서 6,000rpm으로 좁고 변속기, 토크 컨버터 등을 끼워서 자동차를 구동하는 것으로, 정지부터 고속주행까지의 광범위한 속도에 맞는 토크를 발생시킬 수 있다.

　이에 비해 최근의 전기자동차에서 주로 채용되고 있는 교류 모터는 회전수 범위 0rpm부터 최고속도(예를 들면 15,000rpm)까지 매우 폭넓게 제어할 수 있다. 그 때문에 전기자동차에서는 변속기를 필요로 하지 않고, 모터로 구동축을 회전시켜 타이어를 구동시키는 것이 일반적이다.

　전기자동차는 배출 가스를 내지 않는 것이 가장 큰 장점이다. 또한, 화력발전, 원자력발전, 수력발전 등으로 발생한 전력을 자동차에 탑재한 배터리에 충전하고, 그 전력을 이용하는 것이 가능하기 때문에 전기자동차를 사용한다면 배출 가스가 거의 없을 것이라는 생각은 틀린 것이다.

　화력발전소에서 발전한 전력만을 사용한 경우에 대해 생각해 보자. 원유를 정제한 가솔린에 의한 엔진차를 주행한 경우에 비해 같은 원유를 이용해 화력발전소에서 발전하고, 송전한 전력에 의해 전기자동차를 주행하는 쪽이 총합효율은 좋다고 시산(試算)되고 있다.[8] 또한, 원자력발전소나 수력발전소에서 발전하는 전력은 CO_2의 발생을 동반하지 않는다. 그러므로 상용 전원으로부터 전력을 사용하는 전기자동차의 보급은 CO_2의 삭감에 유효하다.

　그 외의 전기자동차의 특징을 들어 보자. 전기자동차는 매우 조용히 움직인다. 엔진의 소음을 싫어하지 않는 사람에게는 운전 중의 고요함은 조금 부족할지도 모르지만, 이것은 전기자동차의 우수한 특성이다.

　또한, 변속기가 없으므로 전기자동차에는 변속 쇼크가 없다. 게다가 전기자동차의 충전을 야간전력으로 공급하도록 하면 전력의 평준화에 공헌하고, 전력설비의 이용률을 높일 수 있다.

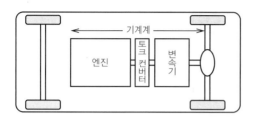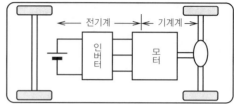

|그림 9-28| 엔진차와 전기자동차의 구동계

그러면 이와 같이 우수한 특징을 가진 전기자동차가 어째서 보급되지 않는 것일까? 그것은 사용자가 이용할 때 몇 가지 중요한 문제가 발생하기 때문이다.

먼저 차량의 중량이 매우 무겁다는 점이다.

자동차를 달리게 하려면 차량 내에 에너지를 쌓아둘 필요가 있지만, 전기자동차의 경우 배터리에 축적해 둔 에너지는 배터리 중량비가 높다.

예컨데, 1t에서 2t 차량의 필요 에너지를 20kWh로 하고, 일반적인 자동차용 납 배터리의 에너지 밀도(배터리 중량 1kg당 축적된 에너지량[kWh])를 40Wh/kg으로 하면, 500kg의 배터리를 전기자동차에 탑재하지 않으면 안 된다는 계산이 나온다. 모터의 중량도 100kg 전후로 되는 경우도 있다. 배터리, 모터의 중량을 생각해 보면, 아무래도 자동차에 탑재하는 배터리 무게를 적게 해서 주행거리를 단축시킬 수밖에 없다.

그 때문에 엔진차에 비해 전기자동차는 주행거리가 1/2 이하로 된다. 또한, 전기자동차는 야간에 천천히 충전할 때에는 작은 전력으로도 에너지를 축적할 수 있어서 문제 없지만, 단시간에 충전하기 위해서는 대전력을 취급할 필요가 있다. 따라서 가솔린 스탠드에 상당하는 충전 스탠드와 같은 시설을 정비하지 않으면 안 된다. 그리고 급속충전을 하면 배터리의 수명이 짧아진다. 이들 문제에 어느 정도 대응을 하려면 차량가격이 엔진차에 비해 높아지는 것이 전기자동차의 보급이 늦어지는 이유이다.

그럼에도 전기자동차는 다시 주목받고 있고, 서서히 보급이 시작되고 있다. 그 주요 이유는 신형 배터리 개발이 급속도로 진행된 것과 소형·고출력 모터가 개발된 것 등을 들 수 있다. 니켈수소전지나 리튬 이온 전지로 대표되는 신형 배터리의 에너지 밀도는 납전지의 2배 이상이다. 이론적으로는 더욱 높아질 가능성이 있다.

또한, 수소나 산소로부터 전력을 발생시키는 연료전지가 급속도로 진보하고 있고, 연료전지를 사용한 전기자동차의 개발이 기대되고 있다. 한편, 모터에 관해서는 전기자동차는 주행거리의 연장을 중시할 필요가 있기 때문에 고효율화가 가능한 영구자석식 동기 모터가 적용되고 있다. 모터의 소형·경량화를 도모하기 위하여 고속회전에 대응하는 모터 설계가 행해지고 있다.

한층 더 많은 전기자동차 보급을 위해서는 가격, 장수명화를 포함해 모터, 배터리의 개발이 더욱 진행될 필요가 있다.

그리고 그림 9-29에 나타낸 것과 같은 소형 전기자동차를 사용한 공동이용 시스템, 탑승제한 시스템 등 전기자동차의 새로운 이용방법에 관해서도 주목되고 있다.

|그림 9-29| 전기자동차(日産 하이퍼미니)

Section 14 하이브리드 자동차에의 응용

하이브리드(hybrid) 자동차는 자동차의 연료소비량을 저감하는 시스템으로서 각광받고 있다. 하이브리드 자동차란 엔진과 차량구동용 모터를 갖춘 자동차이며, 복수의 하이브리드 자동차가 시판되고 있다.

한마디로, 하이브리드 자동차라고 해도 많은 구동방식이 제안되고 있다.

대표적인 하이브리드 자동차 구동방식의 구성방법, 특징 및 과제를 그림 9-30에 정리했다.

1 시리즈 하이브리드(series hybrid) 방식

엔진에서 발생한 회전 에너지를 발전기에 의해, 일단 모든 전기 에너지로 변환해서 배터리에 충전한다. 그리고 이 에너지로 모터를 구동해 차량을 주행시키는 시스템이 시리즈 하이브리드 방식이다. 엔진은 타이어의 구동축과 독립되어 있기 때문에 엔진의 동작점을 임의로 제어하는 것이 가능하다. 그 때문에 엔진 부하에 대해서 항상 엔진의 효율이 최적의 점에서 구동되는 특징이 있다.

그러나 차량을 구동하기 위해서는 엔진의 출력을 발전기, 컨버터, 전지, 인버터, 모터를 거쳐서 에너지 전달을 행하지 않으면 안 되기 때문에 구동계의 총합효율은 전지의 충·방전 효율을 포함한 각각의 효율의 누적으로 결정된다. 그러므로 연비(燃費)를 향상시키기 위해서는 각 구성 요소의 효율을 향상시키지 않으면 안 된다.

시리즈 하이브리드 방식은 가속성을 그다지 강하게 요구하지 않는 차량의 저배기화에 적당한 시스템이며, 버스나 트럭의 하이브리드 방식으로 제안되고 있는 예가 많다.

또한, 이 방식은 구동용 모터만으로 차량을 구동할 필요가 있고, 소형이며 고출력의 모터가 요구된다.

❷ 패럴렐 하이브리드(parallel hybrid) 방식

엔진 및 모터가 변속기를 사이에 두고 차량을 기계적으로 직접 구동하는 구성으로 되어 있고, 엔진, 모터의 어느 쪽을 한쪽 혹은 양쪽에서 차량을 구동할 수 있다. 통상 엔진차에 모터를 추가한 구성이라 생각하면 되고, 전기자동차나 시리즈 하이브리드 방식에 비해 비교적 작은 출력의 모터를 이용할 수 있다는 점이 이 방식의 특징이다. 그 때문에 가속성을 중시하는 승용차 타입의 자동차에 이 방식을 채용하는 경우가 많다. 예를 들면, '혼다 인사이트'가 그 일례이다. 또한, '닛산 티노 HEV'는 패럴렐 하이브리드 방식을 기초로 하면서 시리즈 하이브리드 방식의 장점도 취한 방식이라 할 수 있다.

또한, 이 방식은 엔진과 변속기 사이에 모터를 배치하는 구성이기 때문에, 특히 FF차(front engine front drive)의 경우 모터의 박형화(편평화) 설계가 중요하다.

❸ 유성(遊星) 기어를 이용한 하이브리드 방식

도요다 프리우스가 채용하여 주목을 받았던 방식으로, 유성 기어는 세 개의 기어로 구성되며 각각의 회전축에는 엔진, 발전기, 모터가 배치되어 있다. 차량의 속도가 주어져 발전기의 회전수가 제어되면 엔진을 최적의 동작점으로 하는 것이 가능하다. 이렇게 하면 엔진의 파워는 유성기어를 통해서 발전기측과 모터측에 분배된다.

발전기에서는 그 파워로써 발전(發電)시켜 전기로 변환시킨다. 또한, 모터측의 파워는 그대로 차량을 구동하는 토크로서 작용한다. 필요에 따라 모터로부터 토크를 발생시킴으로써 차량의 구동력을 확보한다.

발전기가 발전하는 파워와 모터에서 공급되는 파워가 거의 일치할 때 유성 기어, 발전기, 모터가 기계식의 변속기와 같이 작용하는 것이 되기 때문에 전기변속기능이라 불린다. 전기계(電氣界)의 효율이 향상되면 연비의 향상이 기대된다.

모터로서는 패럴렐 하이브리드 방식과 같은 양상으로 박형(薄形) 모터가 적합하다.

종류	구성방법	특 징	과 제
시리즈 방식		• 엔진의 연소효율이 좋고, NO_x, HC의 저감이 가능하다. • 엔진을 항상 고효율로 가동이 가능하다. • 레이아웃 상 제약이 적다. • 변속기가 불필요하다.	• 연비를 향상시키기 위해 회전기·변환기의 효율향상이 필요하다. • 출력이 큰 모터가 필요하다. • 비교적 큰 에너지를 갖는 배터리가 필요하다.

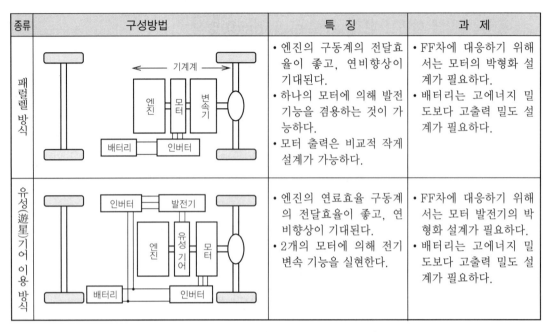

종류	구성방법	특 징	과 제
패럴렐 방식		• 엔진의 구동계의 전달효율이 좋고, 연비향상이 기대된다. • 하나의 모터에 의해 발전 기능을 겸용하는 것이 가능하다. • 모터 출력은 비교적 작게 설계가 가능하다.	• FF차에 대응하기 위해서는 모터의 박형화 설계가 필요하다. • 배터리는 고에너지 밀도보다 고출력 밀도 설계가 필요하다.
유성(遊星)기어 이용 방식		• 엔진의 연료효율 구동계의 전달효율이 좋고, 연비향상이 기대된다. • 2개의 모터에 의해 전기변속 기능을 실현한다.	• FF차에 대응하기 위해서는 모터 발전기의 박형화 설계가 필요하다. • 배터리는 고에너지 밀도보다 고출력 밀도 설계가 필요하다.

|그림 9-30| 하이브리드 자동차의 구성

Section

15 하이브리드 자동차의 동작

왜 하이브리드 자동차가 주목받고 있는 것일까? 그 이유는 전기자동차와 비교했을 때 다음과 같은 장점을 가지고 있기 때문이다.

자동차에서 필요로 하는 전력은 엔진에 의한 가솔린을 연소해서 발전되기 때문에 상용전원(商用電源)에서 충전할 필요가 없다. 그리고 주행 중에도 필요에 따라 충전하는 것이 가능하므로 비교적 적은 배터리 용량으로 시스템을 구성할 수 있다.

또한, 엔진으로도 차량을 구동할 수 있는 형태의 하이브리드 자동차라면 모터의 출력도 비교적 작게 설계하는 것도 가능하다. 이와 같은 이유에서 하이브리드 자동차는 전기자동차보다 싼 가격으로 실현가능한 시스템이라 할 수 있다.

하이브리드 자동차는 차량속도, 운전자의 액셀·브레이크의 밟는 상태에 따라 동작 모드가 결정된다. 패럴렐 하이브리드 방식을 기본으로 차량의 주행상태에 대한 동작 모드의 일례를 그림 9-31에 나타냈다.

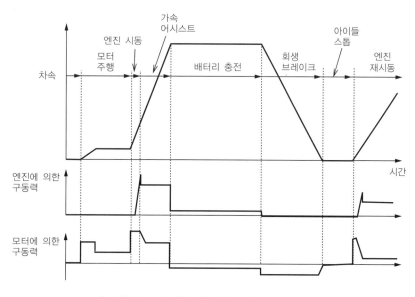

|그림 9-31| 패럴렐 하이브리드 차의 운전 모드 예

모터 주행, 엔진 시동, 가속 어시스트, 회생 브레이크, 아이들 스톱(idle stop) 등이 하이브리드 자동차의 대표적인 동작방법이다.

(1) 모터 주행

자동차가 정차로부터 저속주행하기까지의 기간에는 차량에 필요한 구동 파워는 비교적 작다. 이와 같은 상태에서 엔진만으로 차량을 구동하면 엔진 효율은 낮고, 그때의 연비를 향상하는 것이 불가능하다. 그래서 저속주행할 때에는 배터리의 전기 에너지를 써서 모터로 차량을 구동시키는 쪽이 연비를 향상시킬 수 있다.

그러나 모터 주행을 많이 하기 위해서는 축전(蓄電) 가능한 에너지를 증가시키도록 비교적 많은 배터리를 탑재할 필요가 있다.

이러한 점에서 모터 주행을 어느 정도 이용할 것인가가 그 하이브리드 차의 목표, 성능을 결정하는 설계 포인트이다.

(2) 엔진 시동

모터 주행 중에 어느 정도의 속도 이상이 된 경우 또는 정지 상태부터 모터의 최대 토크를 넘는 가속도로 가속할 필요가 있는 경우에는 엔진을 시동한다. 하이브리드 차의 경우에도 스타터 모터를 이용해서 엔진을 시동하는 것이 생각된다. 그러나 하이브리드차의 경우 스타터 모터보다도 출력이 큰 구동용 모터를 갖추고 있으므로, 그것을 써서 엔진을 단시간에 시동·재시동하는 것은 용이하게 실현 가능한 기능이다.

(3) 가속 어시스트

차량을 급가속할 때나 가파른 언덕을 오를 때에는 엔진의 구동력에 모터의 구동력을 추가하는 것이 유효하다. 이 기능을 줌으로써 차량에 필요한 구동력을 한층 더 작은 엔진으로 달성할 수 있는 장점이 얻어진다. 작은 엔진을 채용하는 것은, 보다 넓은 범위에서 그 엔진에 있어서 출력이 큰 동작점에서 구동하는 것을 의미한다. 그 때문에 동작 모드를 고려한 총합적인 엔진 효율은 향상된다.

(4) 배터리 충전

차량이 중속 혹은 고속의 일정속도로 주행하고 있는 경우 엔진에 요구되는 출력은 기본적으로는 주행저항에 의한 손실을 보충하는 것뿐이므로, 엔진의 토크는 작고 엔진의 효율도 낮다. 거기서 엔진의 효율을 향상함과 함께 배터리에 에너지를 충전하는 것을 목적으로, 엔진 토크를 크게 해서 발전기 혹은 모터를 발전기로 하여 발전전력을 배터리로 한다.

(5) 회생 브레이크

자동차를 감속할 때 종래의 기계식 브레이크는 차량의 운동 에너지를 열로써 소비하고 있었다. 이에 비해 하이브리드 자동차에서는 모터를 발전기로써 제어하는 것에 의해 차량의 운동 에너지를 전기 에너지로 변환해서 배터리에 충전한다.

이 감속방법을 회생 브레이크라고 한다. 이것에 의한 연비향상의 효과는 크다. 또한, 고신뢰화를 위해 기계식 브레이크와 회생 브레이크를 사용한 2계열 협조 시스템의 구축이 중요하다.

(6) 아이들 스톱 엔진(idle stop engine) 재시동

언제라도 엔진을 순간적으로 재시동할 수 있는 기능이 있다면, 필요 없는 때 엔진을 정지하는 것은 연비향상에 매우 유효하다. 특히 정차 시에 아이들 스톱을 하는 기능은 연비를 10%부터 20%까지 향상시키는 효과가 있다.

Section 16 정보기구에의 응용

소형 모터의 생산대수는 2000년도에 약 40억 개에 달한다고 추정된다. 그 용도는 음향영상 기기용 모터에 약 30%, FDD, HDD, CD-ROM, DVD, FAX, 휴대전화, 프린터 등의 사무·정보통신 기기용 모터에 약 40%가 이용되고 있고, 소형 모터의 총수요는 해마다 확대되는 경향에 있다.

이들 소형 모터의 대부분은 영구자석을 사용한 자석 모터이며, 정보통신기기의 모바일화의 보급 혹은 환경대응이라는 관점에서 소형·경량화, 저소비 전력화가 요구되어 고성능 소형 영구자석 모터의 진화에 박차를 가하고 있다.

그 중에서도 PC용의 HDD와 CD-ROM으로서 시장을 확장시켜 온 브러시리스 DC 모터는 이후 DVD-ROM/RAM의 보급을 포함해 AV 기기나 가전제품 등 멀티미디어의 전개에 의한 PC 이외의 용도에의 시장확대가 유망된다.

정보기기에 적용되고 있는 스핀들 모터를 그림 9-32에 나타내었다.

정보기기용 모터라 하면 디스크 장치가 대표적이지만, 디스크를 회전시키는 스핀들 모터 이외에도 읽고 쓰는 헤드를 보내는 DC 모터나 보이스 코일 모터, 디스크 트레이를 출입하는 모터 등도 있다.

(a) 플로피 디스크 드라이브

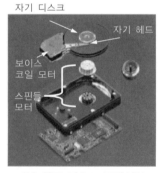

(b) 하드 디스크 드라이브

광 디스크

스핀들 모터

디스크 트레이

(c) DVD-ROM 드라이브

|그림 9-32| 정보기기에 적용되고 있는 스핀들 모터

근년의 디지털 사회에서는 소형이고 스페이스 절약하면서 취급하는 데이터의 팽대화가 진행되어 이것에 따르는 기록 미디어에의 고밀도 읽기·쓰기가 요구되고 있다.

즉, 정보기기용 모터에는 소형이며 고응답성과 고정밀도의 속도제어성 및 고효율이고 저소비 전력이 기대되는 자석 모터가 적합하다.

그 중에서도 저소비 전력화의 요구가 큰 모바일 지향의 소형 모터만큼 자석 보유 에너지가 크게 취해지는 희토류 자석을 채용하는 경향에 있고, 모터의 소형화나 경량화, 저소비 전력화에 있어서 자석이 열쇠를 쥐고 있다고 해도 과언이 아니다.

정보기기의 요구항목과 기술항목과의 관계를 그림 9-33에 나타내었다.

한 가지의 요구항목에 대해 기술요소의 접근은 복수 존재하고, 가장 효과적인 것으로 대응하는 것이 일반적이다.

(1) 소형·박형

소형·박형에서는 고효율화가 열쇠가 되며, 고성능 자석의 하나인 희토류 자석의 채용을 들 수 있다. 자석의 자속량이 증가하면 작은 스테이터 코어에서는 철손실도 증가하기 때문에 저철손실 강판 등에 의한 대책도 필요해진다. 일반적으로 저철손실 강판은 박강판이어서 쌓는 매수가 증가하지만, 판 두께 0.2mm의 강판에서도 박형의 정보기기용 모터에서는 14매 정도이기 때문에 적응은 충분히 가능하다.

(2) 고속회전

고속회전에서는 모터 주파수가 고주파가 되기 때문에, 고주파에서의 철손실을 저감하는 것이 가능한 저철손 강판의 검토도 필요하다. 또한, 축받이부분에서의 마찰손실도 크게 되기 때문에 회전 시에 비접촉으로 높은 축강성(軸剛性)을 얻을 수 있는 동압류 체축받이(9장 18절 참조)의 효과도 간과할 수 없다.

(3) 고응답·고토크

고토크화를 위해서는 자속량을 늘리거나 모터 전류를 크게 하면 되지만, 저소비전력을 의식한다면 철손실과 동손실의 관계를 충분히 주의해서 권선저항을 억제해 고성능 자석에 의한 자속량을 증가시키거나 철손실을 억제해 권수를 늘릴 것인가를 검토할 필요가 있다.

주의해야 할 것은 잔류자속밀도가 큰 고성능의 자석을 사용할 정도로 코깅 토크가 크게 되기 쉽다는 것이다.

(4) 저소비전력, 저진동·저소음

저소비전력화를 위해서는 고성능 자석이나 저철손실 강판의 적용도 있지만, 브러시리스 모터에서는 드라이브 IC의 스위칭 소자에 MOSFET을 채용하여 PWM 구동해서 손실을 저감하고 있다. 또한, 홀 소자(hall element)를 써서 위치를 검출하는 타입의 드라이브 IC에서는 구동전류파형을 방형파상(方形波狀)에서 사인파상으로 함으로써 저진동·저소음화가 도모된다.

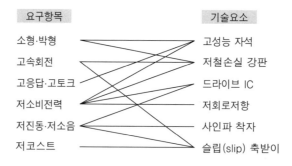

| 그림 9-33 | 정보기기의 요구항목과 기술항목과의 관계

Section 17 광 디스크 장치에의 응용

AV 제품인 CD, OA 제품인 CD-ROM으로 시작해서 대량 정보처리의 보급과 그 발전은 매우 놀라울 정도다. 광 디스크 미디어에는 8cm와 12cm의 규격이 있지만, 어느 쪽인 디스크상에 얼마나 대량의 정보를 기록하고 고속으로 접속할 수 있는가가 경쟁되어 디스크의 회전속도 경쟁으로 발전했다.

디스크를 회전시키는 스핀들 모터에는 ① 고속·고토크, ② 저진동, ③ 고정밀도, ④ 저소비전력이 요구되고 있다.

그림 9-34에서 DVD-RAM을 적용한 비디오 카메라와 스핀들 모터를, 그림 9-35에서 박형 DVD용 스핀들 모터의 단면도를 나타낸다.

스핀들 모터에는 아우터 로터형의 브러시리스 DC 모터가 이용되는 경우가 많고 DVD-RAM의 디스크 중심을 위치결정하는 조심(調芯)기구와 디스크를 고정하기 위한 턴테이블 및 디스크 체킹용 마그네트 등이 실장되어 있다.

광 디스크용 모터의 로터 마그네트(rotor magnet)에는 잔류자속밀도가 0.6~0.7T의 Nd-Fe-B 등방성 본드 자석이 많이 적용되고 있고, 로터의 위치검출에는 홀 소자를 쓰고 있다. 또한, 축받이에는 슬립(slip) 축받이를 채용하는 경우가 많다.

|그림 9-34| DVD-RAM을 적용한 비디오 카메라와 스핀들 모터

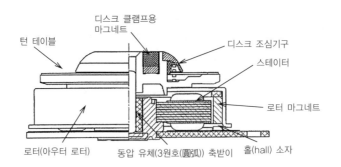

턴 테이블
디스크 클램프용 마그네트
디스크 조심기구
스테이터
로터 마그네트
로터(아우터 로터)
동압 유체(3원호(圓弧)) 축받이
홀(hall) 소자

|그림 9-35| 박형 DVD용 스핀들 모터의 단면도

(1) 축받이(軸受)

광 디스크용 스핀들 모터의 축받이에는 볼 베어링이 많이 사용되지만, 코스트가 높은 소형·고정밀도의 볼 베어링에서는 값싼 슬립(slip) 축받이가 주류가 되고 있다. 슬립 축받이에도 함유(含油) 축받이와 동압 유체 축받이(9장 18절 참조)가 있으며, 고정밀도가 요구되는 DVD-RAM용에는 동압 유체 축받이가 쓰이는 예가 많다.

슬립 축받이에는 모터의 스러스트(thrust) 방향(축방향)으로 자유롭게 움직이는 구조이기 때문에 로터가 축받이로부터 빠져버릴 가능성이 있다. 이 때문에 로터가 빠지지 않도록 고정자(스테이터 : stator)와 마그네트의 위치를 약간 옮기고 스러스트력을 가하거나 기계적으로 로터의 빠짐을 방지하는 기구가 필요해지고 있다.

(2) 모터 구동

모터의 제어범위는 음악용 CD의 1배속부터 CD-ROM의 54배속(12,000rpm) 이상까지의 범위를 가변속 구동하여 한층 더 고정밀도의 회전속도제어를 할 필요가 있기 때문에 로터 위치검출에는 홀 소자를 사용하고 있다.

모터 구동용의 드라이브 IC는 리니어 구동(파형증폭) 타입과 PWM 구동 타입으로 나뉜다. 리니어 구동 타입에는 홀 소자의 검출신호를 바이폴러(bipolar : 양극의) 트랜지스터에서 아날로그 증폭하기 위한 사인파상의 모터 구동이 가능하지만, 발열 등의 손실이 많다. PWM 구동 타입에서는 전압을 온·오프해서 펄스 폭 변조하기 위한 저소비 전력화가 기대되지만, 구성이 간단한 120° 통전의 방형파상의 모터 구동에서는 진동·소음이 크게 되기 쉽다. 그 때문에 홀 소자를 사용해서 간이(簡易)적으로 사인파상의 모터 구동을 얻는 것도 있다.

(3) 고토크

디스크의 고속제어를 위해서는 CLV(Constant Line Velocity)와 CAV(Constant Angler Velocity)가 있으며, CLV가 주류가 되고 있다. CLV에서는 디스크의 내주(內周)와 외주(外周)에서 디스크 회전속도가 달라지는데, 디스크 외주에서 회전속도가 가장 늦고, 디스크 내주에서 회전속도가 가장 빨라지기 때문에 디스크를 액세스하는 액세스 위치에 상관없이 재빠르게 목표의 회전속도까지 도달하는 것이 바래지고 있다. 특히 기동 직후에 디스크 최내주(最內周)를 읽는 것도 있기 때문에 디스크를 기동·가속·정지하기 위한 큰 모터 토크가 요구되고 있다.

여기서, 표 3-6(3장)에 있어서 비돌극형이면서 간단화하기 위해 $L_d = L_q = 0$, $I_d = 0$로 두면 전압방정식과 토크(절대교환)의 식은,

$$V_q = r \cdot I_q + k_E \cdot \omega_1 \tag{9-2}$$

$$\tau = P \cdot k_E \cdot I_q \tag{9-3}$$

으로 나타난다. 식 9-3은 고토크화(토크 τ의 증대) 혹은 저소비전력화(구동전류 I_q의 저감)을 목적으로 상유기전압상수 k_E(토크 상수)를 크게 하면 32배속 이상의 목표 회전속도 등에서는 식 9-2에 있어서 모터의 상유기전압($k_E \cdot \omega_1$)이 크게 되고, 인가전압 V_q를 최대로 해도(인가전압 V_q의 최댓값은 전원전압 12V 또는 5V에서 결정되는 수치로 제한된다) 필요한 구동전류 I_q가 얻어지지 않게 될 경우가 있다. 즉, 높은 목표 회전속도를 유지하면서 고토크화를 도모하기 위해서는 이론적인 한계가 있음을 나타내고 있다.

Section 18 자기 디스크 장치에의 응용

컴퓨터의 주기록장치로서 발전해 온 자기 디스크 장치는 HDD(Hard Disk Drive)라고 불리며, GMR(Giant Magnet Resistive) 자기 헤드의 개발에 의해 연율(年率) 60%를 넘는 고밀도화가 진행되고 있다. 기록용량당 비용 대 성능비(cost per formance)를 보면, 모터를 사용한 HDD의 정보 기억매체의 것이 반도체 메모리보다 우수하다. 또한, 대용량 기록으로 고속 액세스가 가능한 특징이 하드디스크, 비디오레코더 등의 멀티미디어 가전제품에 합치되며 HDD의 용도는 확대를 계속하고 있다.

몸 가까이 쉽게 접하는 HDD도 그 고정밀도는 대단해서 바다 위 수 10cm를 점보 제트기로 날게 하고 점보 제트기에서 바다 위의 콩을 셀 수 있을 정도로 발전되어 있다.[9] 이와 같은 HDD 제품에 요구되는 성질은 소형·대용량이며, 대용량화의 진화는 더욱 가속화되고 있고, 특히 스핀들 모터에는 고속회전, 고정밀도 외에 저소비전력, 저소음, 장수명 등이 요구되고 있다.

(1) 모터 구조

그림 9-36에서 HDD용 스핀들 모터의 구조를 나타내었다. HDD에서는 스테이터의 외측에 로터가 배치되는 아우터 로터 타입의 브러시리스 DC 모터가 많이 채용되고 있다. 로터의 외측에 자기 디스크를 직접 고정한 구조로 디스크를 구동하고 있다. 축받이에는 볼 베어링과 동압 유체 축받이의 2종류가 있지만 그림은 동압 유체 축받이 타입이다.

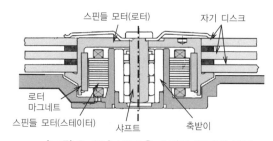

|그림 9-36| HDD용 스핀들 모터의 구조

(2) 축받이

그림 9-37에 축받이와 NRRO를 나타내었다. 자기 디스크상의 데이터는 주방향(周方向)으로

트랙(데이터의 나열)이 있고, 자기 헤드에서 읽고 쓰기 위해서는 트랙상을 바르게 트레이스할 필요가 있다. 그러나 스핀들 모터의 축받이와 샤프트 간에 존재하는 클리어런스(間隙)는 지름방향으로 랜덤(비동기)의 회전축 흔들림(NRRO : Non -Repeatable-Run-Out)을 생기게 하기 때문에 트랙을 바르게 트레이스할 수 없어져 버린다(축 흔들림이 있어도 일정궤도에 있다면 트랙을 트레이스할 수 있다). 이 때문에 고기록 밀도화를 위해서 NRRO를 저감하는 것은 중요한 포인트가 되고, 나노미터의 정밀도가 요구되고 있다.

종래부터 HDD에 적용되어 왔던 옥(玉)축받이는 마찰 토크가 작고, 수명이나 신뢰성 등의 관점에서 우위에 있으며, NRRO에 대해서는 강구(鋼球 : 轉動體)나 내륜·외륜의 가공정밀도를 향상시키는 것으로 저(低) NRRO화를 도모해 왔다. 그러나 더욱 요구가 높아지는 고밀도화에 대해 옥축받이로는 NRRO 저감의 한계가 지적되고 있다.

동압 유체 축받이는 샤프트가 회전할 때 샤프트와 축받이 간에 개재하는 윤활유 등의 유체가 압력(동압)을 발생하는 것을 이용해 축을 지지한다. 회전 중 샤프트와 축받이는 유체에 의해 접촉하지 않게 되고, 높은 축받이 강성(剛性)을 얻는 것이 가능하다. 이 때문에 옥축받이에 비해 축의 흔들림은 작고, 저소음이다. 그러나 윤활유 등의 유체에는 점성이 있어서 축받이에서 생기는 토크 손실이 옥축받이에 비해 크게 되는 경우가 많아 온도 의존성에도 주의를 쏟아야 한다.

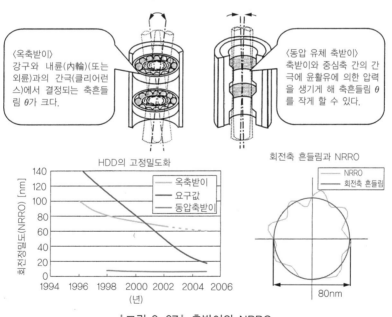

|그림 9-37| 축받이와 NRRO

(3) 모터 구동

HDD용 스핀들 모터는 일정회전속도에서 구동되기 때문에 로터의 위치검출에는 홀 소자 등을 쓰지 않고, 권선의 유기전압을 검출하는 센서리스 방식을 채용하고 있다. 이 때문에 원리적으로 유기전압을 검출하는 상(相)에의 무통전구간이 필요하며, 12° 통전을 채용하고 있는 것이 많다.

참고문헌

제2장

1) 電氣自動車驅動 시스템 調査專門委員會 編 : 「電氣自動車의 最新技術」, 옴社 (1999)

2) 本部, 田島 : "小型·高速電動機(永久磁石式 同期電動機)", 「필드 파워 시스템」, 日本油空壓學會, Vol.32, No.6 (2001-09)

3) 日立金屬 : 「日立希土類磁石」(카탈로그).

4) 松延, 田島, 小林, 川又, 小原 : "電氣自動車用 埋込 磁石型 同期電動機의 간극 磁束의 基本波成分에 着目한 特性解析", 「電氣學會論文誌」, 119-D, 12, p.1500 (1999-12)

5) 松延, 田島, 小林, 川又, 渋川 : "電氣自動車用込埋 磁石型 同期電動機의 磁石形狀 檢討", 「電氣學會 論文誌」, 120-D, 6, p.822 (2000-6)

6) 田島, 川又, 大西 : "브러시리스 모터의 脈動 토크 低減", 「電氣學會 回轉機研究會」, RM-93-115 (1993)

제3장

1) 森本, 외 : "埋込 磁石構造 PM 모터의 廣範圍可變速制御", 「電氣學會論文誌」, 114-D, 6, p.668 (1994-6)

2) 能登原, 외 : "永久磁石 同期 모터의 過電壓抑制 減速制御(突極機에의 適用性 檢討)", 「電氣學會 研究會資料」, SPC-01-71 (2001-6)

3) 能登原, 외 : "底分解能位置 센서를 사용한 사인波 驅動 시스템", 2001년 電氣學會 産業應用部門大會」, No.87 (2001~8)

4) 森本, 외 : "分解能이 낮은 位置 센서만을 사용한 PM 모터의 사인波 驅動", 「電氣學會 論文誌」, 118-D, 1, p.67 (1998-1)

5) 道木, 외 : "同期電動機 모델 및 高性能制御", 「2001년 電氣學會 産業應用部門大會」, S11-3, p.1133 (2001-8)

6) 竹下, 외 : "速度起電力에 기초한 센서리스 突極型 브러시리스 DC 모터 制御", 「電氣學會 論文誌」, 117-D, 1, p.98 (1997-1)

7) 陣, 외 : "突極型 브러시리스 DC 모터의 센서리스 制御를 위한 擴張誘起電壓 옵서버", 1999년 電氣學會全國大會文集」, No. 1026, pp.4~480 (1999-4)

8) 坂本, 외 : "軸誤差의 直接推定演算에 의한 IPM 모터의 위치 센서리스 制御", 「電氣學會 研究會 資料」, SPC-00-67 (2000-11)

9) 岩路, 외 : "IPM 모터의 低速位置 센서리스 制御", 「電氣學會 研究會 資料」, SPC-01-69 (2001-6)

제4장

1) 執行岩根 : 「電氣機械設計論 2」, 丸善 (1951)

2) 電氣學會 編 : "誘導機, 交流整流子機", 「電氣學會」 (1951)

3) 電氣學會 精密小形電動機 調査專門委員會 編 : 「小型 모터」, 코로나社 (1996)

4) 三上, 井出, 新井, 高橋, 梶原 : "高調波 二次電流를 考慮한 三相 籠形 誘導電動機의 機內高調波磁場解析", 「電氣學會 論文誌」, 116-D, 2, pp.158~166 (1996-2)

5) T. Kobayashi, F. Tajima, M. Ito, S. Shibukawa : Effects of Slot Combination on Acoustic Noise from Induction Motors, IEEE Trans. on Magnetics, Vol. 33, No. 2, pp.2101~2104 (1997)

6) 伊藤, 森永 : "모터의 高效率化", 「日本 AEM學會誌」, 7卷, 3號, pp.269~272 (1999)

제5장

1) 中野孝良 : 「交流 모터의 벡터 制御」, 日刊工業新聞社 (1996)
2) 「日立 인버터 테크니컬 가이드북」, 日立製作所
3) 「日立 인버터 테크니컬 가이드북(노이즈編)」, 日立製作所
4) 家電·汎用品 高調波 가이드라인」, 資源 에너지廳
5) 高壓 또는 特別高壓으로 受電하는 需要家의 高調波對策 가이드라인」, 資源 에너지廳

제6장

1) 電氣學會精密小形電動機 調査專門委員會 編 : 「小形모터」, 第3章, 코로나社 (1994)
2) 田原 : "整流子 및 브러시의 高性能化 動向", 「電氣學會 回轉機研究會 資料」, RM-98-171 (1998-6)
3) 田原, 田倉 : "유니버설 모터의 高性能化 動向", 「電氣學會 回轉機研究會 資料」, RM-98-32 (1998-6)
4) 鈴木, 松田 : "整流火花測定裝置에 의한 불꽃 號數의 檢討", 「電氣學會 論文誌」, 108-D, 12 (1988)
5) 小原木, 田原, 石井, 鈴木 : "小形交流整流子 電動機에 있어서 異數卷電機子 卷線方式의 適用과 整流性能評價", 「電氣學會 論文誌」, 115-D, 4, p.488 (1995-4)
6) 海考原, 岩佐 : 「스테핑 모터 活用技術」, 工業調査會
7) 松井, 武田 : "개선된 릴럭턴스 모터", 「電氣學會 論文誌」, 118-D, 6, p.685 (1998-6)
8) T. J. E. Miller : "Switched Reluctance Motors and Their Control", MAGNA PHYSICS PUBLISHING (1993)
9) I. Boldea : RELUCTANCE SYNCHRONOUS MACHINES AND DRIVER, CLARENDON PRESS, Oxford (1996)
10) 梨木, 佐竹, 川井, 横地, 大熊 : "슬릿 回轉子를 사용한 플럭스 배리어형 릴럭턴스 모터의 磁界解析과 試作實驗", 「電氣學會 論文誌」, 116-D, 6, p.694 (1996-6)

제7장

1) 河瀬順洋, 伊藤昭吉 : 「最新 三次元有限要素法에 의한 電氣·電子機器의 實用解析」, 森北出版 (1997)
2) 坪井 始, 內藤 督 編著 : 「數値 電磁界 解析法의 基礎」, pp.90~103, 養賢堂 (1994)
3) K. Miyata and K. Maki : Air-gap remeshing for rotating machines in 3D finite element modeling, IEEE Trans. on Magnetics, Vol. 36, No. 4, pp.1492~1495 (2000)
4) 鹽幡宏規, 根本佳奈子, 名川泰正, 坂本 茂, 小林孝司, 伊藤元哉, 小原木春雄 : 「電磁力勵起에 의한 電動機의 振動放射音 解析法, 電學論 D, pp. 1301~1307 (1998)

제8장

1) 元吉伸一 : 「필드 버스 入門」, 日間工業新聞社 (2000)
2) ODVA 日本支部 : 「DeviceNet 카탈로그」 (1999)
3) CEI : 「IEC 61491 規格」

제9장

1) 大錄範行, 浜田豊秀, 外 : "自走臺車 走行機構의 開發", 「1991年度 精密工學會 春季大會 學術講演會予橋集」 (1991-5)
2) 大錄範行 : 「特開平 11-179301 號」
3) 小原木, 田原, 石井, 鈴木 : "小形 交流整流子 電動機에서의 異數卷 電機子 卷線方式의 適用과 整流性能評價", 「電氣學會 論文誌」, 115-D, 4, p.488 (1995-4)

4) 田原, 田倉 : "유니버설 모터의 高性能化의 動向", 「電氣學會 回轉機研究會 資料」, RM-98-32 (1998-6)

5) 田原 : "洗濯機用 모터·드라이브의 에너지 절약·低騷音化", 「2000 모터 技術 심포지움 A-4」

6) 虻川, 田原, 高橋, 田島, 富手 : "補助極付 永久磁石界磁式 스타터 모터", 「電氣學會 論文誌」, 105-B, 12 (1985-12)

7) 山下, 田原, 高橋, 河村, 庄 : "스타터 모터용 브러시의 評價", 「電氣學會 回轉機研究會 資料」, RM-93-3 (1993-2)

8) (財)에너지 總合工學研究所 : 「新 에너지의 展望 電氣自動車」 (1992)

9) 福田, 渡辺, 小峰, 久保 : "OA·AV 製品에의 小形 모터의 應用技術", 「電氣學會 回轉機研究會 資料」, RM-00-165 (2000-11)

찾아보기

알기 쉬운
소형 모터 기초에서 응용까지

2011. 10. 28. 초 판 1쇄 발행
2022. 5. 7. 초 판 3쇄 발행

지은이 | Hitachi 종합교육센터 기술연수원
옮긴이 | 김필호
펴낸이 | 이종춘
펴낸곳 | **BM** ㈜도서출판 **성안당**

주소 | 04032 서울시 마포구 양화로 127 첨단빌딩 3층(출판기획 R&D 센터)
10881 경기도 파주시 문발로 112 파주 출판 문화도시(제작 및 물류)

전화 | 02) 3142-0036
031) 950-6300
팩스 | 031) 955-0510
등록 | 1973. 2. 1. 제406-2005-000046호
출판사 홈페이지 | **www.cyber.co.kr**
ISBN | 978-89-315-2764-3 (13560)
정가 | 25,000원

이 책을 만든 사람들

책임 | 최옥현
진행 | 박경희
교정·교열 | 이은화
전산편집 | 김인환
표지 디자인 | 오지성
홍보 | 김계향, 이보람, 유미나, 서세원, 이준영
국제부 | 이선민, 조혜란, 권수경
마케팅 | 구본철, 차정욱, 오영일, 나진호, 이동후, 강호묵
마케팅 지원 | 장상범, 박지연
제작 | 김유석

▪ **도서 A/S 안내**

성안당에서 발행하는 모든 도서는 저자와 출판사, 그리고 독자가 함께 만들어 나갑니다.
좋은 책을 펴내기 위해 많은 노력을 기울이고 있습니다. 혹시라도 내용상의 오류나 오탈자 등이 발견되면 **"좋은 책은 나라의 보배"**로서 우리 모두가 함께 만들어 간다는 마음으로 연락주시기 바랍니다. 수정 보완하여 더 나은 책이 되도록 최선을 다하겠습니다.
성안당은 늘 독자 여러분들의 소중한 의견을 기다리고 있습니다. 좋은 의견을 보내주시는 분께는 성안당 쇼핑몰의 포인트(3,000포인트)를 적립해 드립니다.

잘못 만들어진 책이나 부록 등이 파손된 경우에는 교환해 드립니다.